Gerald Mackenthun

Self-Publishing

Schnell mal einen Text bei Kindle anbieten und Millionär werden! Das klingt zu einfach, um wahr zu sein. Nur ganz wenigen Autoren gelingt der Sprung in die lukrative Publizität. Für den großen Rest bleibt das Self-Publishing ein mühsames Geschäft. Außerdem ist es mit Kindle nicht getan. Das ePub-Format gilt als Format der Zukunft. Doch elektronische Bücher bleiben zumindest in Deutschland bis auf weiteres ein Nischenprodukt. Noch immer wird die gedruckte Form bevorzugt.

Während andere Handbücher bei den eBooks von Kindle stehenbleiben, geht dieser Ratgeber darüber hinaus. Ausführlich wird auf das universelle ePub-Format für elektronische Bücher und das Print-on-Demand-Verfahren an den Beispielen der Plattformen „Epubli", „Books on Demand" (BoD), „Tredition" und „CreateSpace" (Amazon) eingegangen. Für die bessere Vermarktung sind der Besitz einer eigenen ISB-Nummer und der Zugang zum Verzeichnis Lieferbarer Bücher (VLB) unverzichtbar. Auch dazu enthält dieses Buch praktische Hinweise.

Gerald Mackenthun war 25 Jahre lang Wissenschaftsjournalist. Seit 2004 arbeitet er als niedergelassener Psychotherapeut in Berlin.

Gerald Mackenthun

Self-Publishing

Handbuch für Autoren und Kleinverleger

Vierte, nochmals erweiterte Auflage März 2018

BoD

Druck und Vertrieb: Books on Demand, Norderstedt
In de Tarpen 42, 22848 Norderstedt
Tel. Zentrale: +49 40 – 53 43 35-0
info@bod.de; www.bod.de

Für sachdienliche Korrekturen wäre ich dankbar:
gerald.mackenthun@gmail.com

Weitere Informationen unter
http://geraldmackenthun.de/meine-bücher/selfpublishing-2014/

Umschlagfoto © iStockPhoto / Adam Radosavljevic

1. Auflage Oktober 2011
2., erweiterte Auflage Oktober 2014
3., erneut erweiterte Auflage Juli 2017
4., nochmals erweiterte Auflage März 2018

Die deutsche Nationalbibliothek verzeichnet diese Publikation unter
http://dnb.d-nb.de.

ISBN 978-3-738609615

Bitte beachten: Die Veränderungen im Internet sind rasant. Das gilt auch für die Bedingungen des Self-Publishings. Ich habe mich bemüht, dieses Buch im Mai 2017 auf den neuesten Stand zu bringen. Es kann sein, dass einige Angaben überholt oder verändert sein werden. Für diesbezügliche Hinweise wäre ich dankbar. Was die Preisangaben angeht, so kann ich keine Garantie für korrekte Auskünfte geben. Tendenziell gehen die Kosten erfreulicherweise nach unten.

Amazon, Kindle, Epubli, Microsoft Word, MobiPocket, Calibre und weitere Markennamen sind geschützte Warenzeichen. Sie dienen hier zur Identifikation und zur Unterrichtung der Leser. Dieses Buch ist kein Produkt von *Amazon, Kindle, Epubli* oder einer der anderen genannten Marken.

Inhalt

Tabellen

Einleitung

Seitdem Amazon sein „Kindle Direct Publishing" (KDP) im April 2011 auf Deutsch freigeschaltet hat, bietet sich auch für deutschsprachige Autoren eine neue und aufregende Gelegenheit, eigene Texte in das weltweit verfügbare Angebot für das elektronische Buchlesegerät „Kindle" einzuspeisen. Eine genauere Beschäftigung mit der Technik zeigt jedoch, dass der Umgang damit keineswegs einfach ist. Er ist sogar deutlich komplizierter als geahnt. Mal eben schnell einen Text zu Amazon hochladen und Geld kassieren – wer diesen von der Kindle-Werbung angestoßenen Traum hatte, sollte ihn gleich wieder vergessen. Andererseits ist die Technik kein unüberwindliches Hindernis. Man muss sich nur einige Grundkenntnisse aneignen, dann können eigene Texte einem deutschen und internationalen Publikum angeboten werden.

Niemand sollte sich davon Wunder erhoffen. In Deutschland erscheinen jährlich 90.000 Bücher (2015). Man spricht von einem Erfolg, wenn mehr als 100.000 Exemplare verkauft werden. Ohne aktive Werbung und Öffentlichkeitsarbeit sinkt der Erfolg drastisch. Denn durchschnittlich lesen Deutsche nur sieben bis acht Bücher pro Jahr. Ein Buch verkauft sich besser, wenn der Preis günstig ist. Der Durchschnittspreis der Top-100-Bücher liegt bei 13,40 Euro und hat sich in den vergangenen 15 Jahren nur um 1,22 Euro erhöht. Andererseits haben sich die Leser bei wissenschaftlichen Werken an hohe Preise gewöhnt. Hier sind 40, 50 oder 60 Euro für ein 500-Seiten-Sachbuch durchaus üblich.

Je nach Verhandlungsgeschick erhalten Autoren im normalen Buchmarkt zwischen 6 und 12 Prozent vom Nettoverkaufspreis. Bei einem üblichen Verkaufspreis für ein gebundenes Buch von 19,99 Euro erhält der Autor auf den Nettopreis von 18,68 Euro ein Honorar von sagen wir 10 Prozent: das wären 186.800 Euro. Das klingt viel. Nach Steuern und anderen Abgaben bleiben davon etwa 93.000 Euro übrig. Davon können Sie vielleicht zwei Jahre leben. Dann muss aber ein neuer Bestseller her. Das ist sehr unwahrscheinlich. Zusätzliche Einnahmequellen können Lesungen (100 bis 350 Euro pro Abend) und Literaturpreise sein. Von letztgenannten gibt es Deutschland einige, aber selten beträgt das Preisgeld mehr als einen niedrigen vierstelligen Betrag. Oder man bietet Schreibseminare an. Am besten ist es, wenn wenigstens der

(Ehe-)Partner einen festen Job hat. Oder man ringt sich Bücher am Feierabend nach einer 40-Stunden-Woche ab. Aber an Geld sollte man beim Schreiben ohnehin nicht denken, sagt Bodo Kirchhoff, Gewinner des Deutschen Buchpreises 2016. Schreiben ist eine Leidenschaft, kein Brotberuf, von wenigen Ausnahmen abgesehen. Wenn Sie es geschickt anstellen, haben Sie immerhin einen kleinen Nebenverdienst.

Wer elektronisch publiziert, beteiligt sich indirekt am Sterben vieler deutscher Buchhandlungen. Das sollte dem Herausgeber elektronischer Werke bewusst sein. Die kleinen Buchhandlungen ebenso wie die großen Ketten (Hugendubel, Weltbild) leiden unter dem steigenden Umsatz elektronischer Bestellungen, vor allem bei Amazon. Der Internetbuchhandel erwirtschaftete 2016: 1,6 Milliarden Euro, ein Plus von 6,0 Prozent. Diese Summe macht einen Anteil am Gesamtumsatz von 17,4 Prozent aus. In diesen Zahlen sind nicht nur die Einnahmen des Marktführers Amazon enthalten, sondern auch die Online-Umsätze des stationären Sortiments.

Der stationäre Buchhandel bleibt dennoch der wichtigste Vertriebsweg für Bücher. Mit einem Umsatz von knapp 4,43 Milliarden Euro hatte er aber 2016 im Vergleich zum Vorjahr 3,4 Prozent eingebüßt. Die Zahl der Neu- und Erstauflagen deutschsprachiger Bücher summierte sich 2015 auf 89.506 Titel. Das waren knapp 2.400 Titel mehr als im Vorjahr. Bundesweit gibt es rund 21.600 Unternehmen, die sich im weitesten Sinne dem herstellenden oder verbreitenden Buchhandel zurechnen lassen. Sie sind im „Adressbuch für den deutschsprachigen Buchhandel" verzeichnet, das unter www.adb-online.de zur Verfügung steht. Gut 15.400 der gelisteten Betriebe sind Verlage und verlegerisch tätige Institutionen (Quelle: Börsenverein des Deutschen Buchhandels e.V. 2015. Die Gesamtzahl der gekauften Bücher wurde nicht mitgeteilt).

2015 haben E-Books lediglich 4,5 Prozent zum Buchumsatz beigetragen. In jenem Jahr gingen 27,0 Millionen E-Books an die Kunden. Der E-Buch-Umsatz steigt insgesamt nur langsam. 2011 lag er bei 3 % des Gesamtumsatzes. Vor fünf Jahren waren sich noch alle einig, dass der Anteil der elektronischen Bücher stark steigen wird. Das gilt offensichtlich nicht für Deutschland, wohl aber für die USA. Dort ist schon jedes fünfte Buch ein elektronisches.

In Amerika ist beispielsweise Amanda Hocking der neue Star des Selbstveröffentlichens, des Self-Publishings. Zwei Millionen US-Dollar wurden ihr dem Vernehmen nach im Juni 2011 für ihre vier nächsten Bücher angeboten, einer Serie, die sie „Watersong" nennt. Damit spielt Hocking in der Liga von Nora

Roberts, James Patterson und Stieg Larsson – einige der am besten verkauften elektronischen Autoren bei Amazon. Hockings Vertrag beruht auf den zuvor erzielten, sagenhaften Umsätzen bei Amazon.com, die um die zwei Millionen Dollar gelegen haben. Erfolg hatte sie mit der paranormalen Romanze „Trylle", einer aus vier Büchern bestehenden Vampir-Serie. Von solchen Erfolgen träumen viele.

Ein Vorteil des elektronischen Veröffentlichens ist die unglaubliche Schnelligkeit. Nur sieben Tage, nachdem ein Spezialkommando der US Navy Osama Bin Laden in seinem Versteck in Pakistan erschossen hatten, erschien auf Amazon.com das Buch „Beyond Bin Laden: America and the Future of Terror", das, so der Verlag Random House, endlich eine Antwort geben sollte auf die Frage: Was genau ist passiert? „Beyond Bin Laden" wurde als das eiligste Sachbuch seit Erfindung der beweglichen Lettern bezeichnet. Ein *Instant E-Book*, ein schnell zusammengeklaubtes Buch aus verschiedenen, schon vorliegenden Interviews, angereichert um die neuesten Fakten und Statements.

Elektronische Bücher (eBooks oder eBücher) bedeuten nicht nur eine Umverteilung der Umsätze. Auch auf die Autoren kommen neue Chancen und Probleme zu. Renommierte Autoren verzichten auf die Rückendeckung großer Verlage und setzen auf Selbstvermarktung, wie zum Beispiel John Locke. Er verlegte nicht nur ein gutes Dutzend eBücher bei Amazon, sondern schrieb auch gleich noch den Bestseller „How I sold 1 Million eBooks in Five Month" (http://www.lethalbooks.com/) darüber.

Mittelfristig dürfte es etablierte Autoren reizen, die E-Vermarktung lieber selbst zu übernehmen. Und kurzfristig mag es zum Hocking-Phänomen führen: Newcomer und Hobby-Schreiber werden ihr Glück mit dem eBook suchen, statt bei Verlagen Klinken zu putzen. In den USA bietet Amazon angeblich monatlich 10.000 eBücher neu auf seiner Plattform an. Die explodierenden Zahlen aus Amerika schocken die deutsche Buchbranche allerdings nicht mehr. Die Deutschen sind reserviert gegenüber dem eBuch.

Das Buchangebot in Deutschland ist weltweit mit das beste und umfangreichste dank der Buchpreisbindung. Die deutschen Verlage haben nun aber abgemacht, eBooks nur unwesentlich günstiger als die Papierausgaben anzubieten. Noch ist nicht abzusehen, wie es weitergehen wird, sollte das eBook wirklich zu einem marktrelevanten Faktor werden. Die Buchpreisbindung sichert ein weltweit einmaliges Angebot an Buchtiteln. Ich jedenfalls bin sehr dafür, dieses System beizubehalten.

Der Markt um das elektronische Publizieren erweitert sich ebenfalls ständig. Neue Mitspieler treten auf den Plan. Sie übernehmen einzelne Aufgaben, helfen beim Korrigieren und Lektorieren, stellen Bilder und Grafiken bereit oder sorgen für eine effektivere Verbreitung auf den elektronischen Plattformen. Wer es nicht selbst macht, muss dafür zahlen. Diese professionellen Lektorats- und Layout-Angebote führen allerdings wieder zurück zum ordinären gedruckten Buch, wo diese Dienstleistungen immer schon mit dazu gehörten. Sie in Anspruch zu nehmen heißt, sich von echten Self-Publishing wieder zu verabschieden.

Dieses Buch entstand aus den eigenen Erfahrungen mit der Produktion von zunächst elektronischen und dann auch herkömmlichen Büchern. Es stellte sich für mich heraus, dass das eBuch-Format allein wenig ergiebig ist. Dann experimentierte ich mit der Herausgabe eigener Sachbücher bei Epubli und BoD. Anfang 2017 übernahm ich von einem Fresund, der schon auf die 80 zuging, dessen kleinen Verlag. Nun wurde ich Kleinverleger mit neuen Problemen. Hinzu trat für mich die Tredition-Plattform. Die wichtigsten Erfahrungen habe ich in diesem Buch zusammengefasst.

Bitte beachten Sie dabei: Die Veränderungen im Internet sind rasant. Das gilt auch für die Bedingungen des Self-Publishings. Es kann sein, dass einige Angaben überholt sind oder verändert sein werden. Für diesbezügliche Hinweise wäre ich dankbar (gerald.mackenthun@gmail.com). Was die Preisangaben angeht, so kann ich auch hier keine Garantie für korrekte Auskünfte geben. Tendenziell aber gehen die Kosten erfreulicherweise nach unten.

Gerald Mackenthun

Berlin, Sommer 2017

Über dieses Buch

Was liegt näher, als über diesen Produktionsprozess einen Erfahrungsbericht zu schreiben – und diesen dann auch gleich bei Kindle einzustellen? Zunächst werden also die wichtigsten Kenntnisse zur Veröffentlichung eigener Texte bei Amazon praxisnah erläutert. Die meisten Kindle-Ratgeber enden an dieser Stelle. Dieses Buch aber reicht weiter. Und das kam so:

Im Laufe der Recherche änderten sich mein Ehrgeiz und meine Zielsetzung. Kindle hat ein eigenes Format und ist nur auf den Kindle-Lesegeräten zu lesen. Der angeblich anrückende eBuch-Standard wird nach Meinung von Fachleuten jedoch „ePub" sein. Eine deutsche Verlegerplattform namens „Epubli" arbeitet mit ePub. Es muss nicht Epubli sein, viele Anbieter im Internet haben sich inzwischen auf das elektronische Publizieren und das „Drucken nach Bedarf" (Print on demand) spezialisiert. Aber Epubli gibt ein gutes Beispiel ab. Also geht es im zweiten Teil darum, mit ePub und Epubli weitere Vermarktungschancen zu erproben.

Zudem wird der herkömmliche Buchmarkt ein relevanter Markt bleiben, zumindest in Deutschland. Es wird für Autoren weiterhin darum gehen, mit physikalisch anwesenden Büchern präsent zu sein. Wie können echte Bücher kostengünstig, schnell und ohne großen Aufwand hergestellt und an den Mann gebracht werden? Plötzlich erschien mir das unsinnliche eBook-Geschäft gar nicht mehr so attraktiv.

Buchdrucker, die ihre Dienste im Internet anbieten, gibt es inzwischen viele. Ich blieb zunächst bei Epubli hängen, die nicht nur eBücher im ePub-Format vertreiben, sondern zudem Print-on-demand anbieten. Es schien mir sinnvoll, beides in einer Distributionshand zu lassen. Die Plattform *Epubli* wird vom renommierten Holtzbrinck-Verlag betrieben und hat nach eigener Aussage den Ehrgeiz, Europas führender Anbieter für Self-Publishing und Print-on-Demand zu werden. Das klingt vielversprechend.

Epubli hat den Vorteil, dass die Plattform die drei wichtigsten Formate aus einer Hand anbietet: eBooks im ePub-Format, einfache elektronische Bücher im PDF-Format und gedruckte Bücher, die nach Bedarf oder auf Vorrat gedruckt werden. Letztere können ohne und mit einer ISB-Nummer erscheinen, wobei noch einmal zwischen einer bei Epubli gekauften ISB-Nummer oder einer eigenen, bei der deutschen ISBN-Agentur gekauften ISB-Nummer unterschieden werden muss.

Mein Schritt-für-Schritt-Handbuch wird den Leser folglich nicht nur in Kindle und Epubli einführen, sondern darüber hinaus den Weg zum Buchdruck und zur Selbstvermarktung zeigen.

Über die jeweiligen Vor- und Nachteile informiert der „Zusammenfassende Überblick" gegen Ende des Buches, den gern auch gleich jetzt gelesen werden kann. Lohnt es sich wirklich, in das Self-Publishing einzusteigen?

Eines der am meistverkauften Kindle-Direct-Publishing-Handbücher ist das von Wolfgang Tischer: *Amazon Kindle: Eigene E-Books erstellen und verkaufen* (Kindle-Preis: EUR 2,99 inkl. MwSt.,). Der Journalist und Literatur-Experte Tischer ist der Gründer und Herausgeber der mehrfach ausgezeichneten Literatur-Website *literaturcafe.de.* Als Literaturmann konnte er deutlich schneller sein als ich, der ich aus einer ganz anderen beruflichen Ecke komme.

Dennoch bin ich sicher, dass mein Buch deutlich weiter führt als das von Tischer und der mir bekannten eBook-Handbücher. Alle verbleiben bei Kindle und berücksichtigen allenfalls noch ePub, während ich den gesamten Bereich des Print-on-Demand und der ISB-Nummern, des Verzeichnisse lieferbarer Bücher (VLB) und der Deutschen Nationalbibliothek mit verarbeite. Vergleichen Sie bitte selbst.

Grundsätzliches zur Herstellung

Herstellung digital

Die einfachste Version für Selbstverleger, ein E-Book zu veröffentlichen: Über die eigene Homepage oder spezialisierte Webseiten ein PDF-Dokument zum Download anbieten. Das ist so primitiv, dass ich hierauf nicht eingehen werde.

Sie können Ihre digitalen Texte (Word, OpenOffice, Indesign, pdf etc.) in gängige E-Book-Formate selbst umwandeln. Dazu später mehr. Und natürlich gibt es zahlreiche Dienstleister, die das Konvertieren für Sie erledigen – manchmal kostenlos, manchmal gegen eine happige Gebühr. Einige bieten die E-Book-Veröffentlichung als Zusatzleistung zum Buchdruck an.

Zunehmend reagieren auch etablierte Buchverlage auf die wachsenden Möglichkeiten, die sich Autoren im Self-Publishing bieten. Droemer Knaur zum Beispiel gibt Autoren auf neobooks.com die Möglichkeit, kostenlos ihr E-Book zu veröffentlichen, im E-Book-Handel zu verkaufen und gleichzeitig vom Verlags-Know-how zu profitieren.

Die Plattformen bieten weitere kostenpflichtige Dienstleistungen an, auf denen sich Autoren weitere Unterstützung von Lektorat über Layout- und Covererstellung bis zu PR und Vertrieb holen können. Einen „Expertenmarkt" gibt es zum Beispiel auf boersenblatt.net.

Auf den Homepages von bod.de, buchmedia-service.de oder book-on-demand.de finden sich außerdem viele weiterführende Informationen rund ums Selbstverlegen.

Alles das gilt natürlich auch für den Buchdruck.

Herstellung Buchdruck

Bei der Entscheidung über den Herstellungsweg sind im Vorfeld viele Faktoren gegeneinander abzuwägen, um zu einem individuell optimalen Ergebnis zu kommen. Print-on-Demand-Dienstleister wie Epubli, BoD und Tredition sind auf Kleinst- und Kleinauflagen spezialisiert. Aber auch reine Digital- und Offsetdruckereien wie CPI oder Shaker fertigen kleinere Buchauflagen an.

Eine der damit verbunden Fragen ist die, ob die Anbieter Bücher lagern und bei Bestellung schnell versenden können, oder ob tatsächlich erst bei Bestellung gedruckt wird. Bis das Buch beim Besteller eintrifft, können 5 bis 10 Werktage vergehen. Eventuell ist es günstiger, mit einer kleinen Auflage zu starten und bei Bedarf nachzudrucken, anstatt auf Kisten voller Bücher sitzenzubleiben – und auf den Kosten.

Holen Sie auf jeden Fall mehrere Kostenvoranschläge ein. Dazu müssen Sie bereits eine Vorstellung vom Umfang des geplanten Buches haben. Ein Vergleich der Angebote ist recht schwierig. Der Leistungsumfang der Anbieter ist deutlich unterschiedlich und jeder kalkuliert anders. Die Druckereien bieten sowohl telefonisch als auch im Internet auf ihren Seiten umfangreiche Beratung und vielfältige Tipps an.

Nicht ganz unerheblich sind Größe und Gewicht eines Buches. Die Deutsche Post nimmt für ein Buch unter 500 Gramm 1 Euro, für eines bis 1000 Gramm

1,65 Euro. Ein kleineres Buch unter 500 Gramm kann später Geld sparen helfen, sofern Sie selbst versenden wollen.

Print-on-Demand-Dienstleister bieten eine große Zahl von Optionen: unterschiedliche Einbandarten, diverse Formate, Farben und Papierqualitäten. Manche bieten bei Bestellung eines Buches die Umwandlung in ein eBuch kostenlos an, andere nehmen dafür 87 €. Auf Basis digitaler Drucktechnologie wird direkt aus den zwei Dateivorlagen (Buchblock und Cover) heraus innerhalb weniger Tage das komplette Buch gedruckt, gebunden und verschickt.

Vertrieb digital

Das Einstellen des Textes bei KDP (Kindle Direct Publishing) von Amazon wird weiter unten beschrieben. Self-Publishing-Plattformen bieten an, den Text in den einschlägigen eBuch-Plattformen zu listen. Das heißt noch nicht, dass sie automatisch bekannt werden. Vielleicht überlässt man diese Arbeit gegen entsprechende Beteiligung an den Einnahmen besser den professionellen Distributionsplattformen (libreka!, Bookrix, bookwire, Neobooks, Xinxii, Feiyr u. a.).

Je besser der Autor in seiner Community vernetzt ist, desto größer sind die Chancen, Käufer anzuziehen. Natürlich muss man bereit sein, Zeit und Energie zu investieren.

Vertrieb Buchdruck

Die einfachste Variante ist die, dass Sie ihre Bücher selbst verkaufen – auf Kongressen oder über Ihre eigene Homepage. Dazu müssen Sie im Voraus drucken und die Bücher lagern. Es kann leicht passieren, dass Sie auf ihren ausgedruckten Büchern sitzen bleiben.

Am erfolgversprechendsten ist die Arbeit mit einer ISBN (International Standard Book Number). Wenn Sie einen eigenen Verlag haben, haben Sie eine eigene ISBN. Melden Sie sich beim VLB (Verzeichnis Lieferbarer Bücher) und pflegen Sie Ihr Buch dort ein. Dort wird es von praktisch allen gefunden: von den Buchhändlern, den Buch-Grossisten wie Libri oder Siegloch und den Online-Verkaufsplattformen.

Wie das technisch geschieht, entzieht sich meiner Kenntnis. Die Vertriebsplattformen scannen offenbar regelmäßig die VLB-Datenbank und übernehmen die standardisierten Inhalte in ihre eigenen Datenbanken. Einiges wird übernommen, anderes nicht. Warum das eine (das Coverbild beispielsweise) und warum nicht das andere (die Buchumschlagsrückseite beispielsweise), kann ich nicht beantworten.

Ein von mir beim VLB neu eingepflegtes Buch war bereit 48 Stunden später bei Amazon sichtbar.

Es gibt beispielsweise Druckereien, die die von ihnen hergestellten Bücher gegen Gebühr lagern, Bestellungen bearbeiten und die Rechnungsstellung übernehmen. Beim Print-on-Demand-Druck entfällt die Lagerhaltung gänzlich. Das scheint mir für Kleinverlage mit begrenztem Lagerraum mit entscheidend zu sein.

Buchhändler bestellen ein Buch auf einen Kundenwunsch hin. Sie erhalten eine Email an Ihre beim VLB hinterlegten Emailadresse. Oder die „Clearingstelle" von Libri meldet sich bei Ihnen und bittet um den Versand eines Buches an die mitgeteilte Bestelladresse. Diese Clearingstelle scheint ein kostenloser Service von Libri zu sein. Seltener wird es Ihnen gelingen, dass ein Buchhändler ein Exemplar in Kommission nimmt und ins Schaufenster stellt. Buchhandelskunden erwarten, ein bestelltes Buch am nächsten Tag in ihrer Buchhandlung abholen zu können. Das kann bei „Druck auf Bestellung" (Print on Demand) nicht garantiert werden. Bei PoD beträgt die Lieferzeit 5 bis 10 Werktage.

Zum Weiterlesen: http://buch-veroeffentlichen.info/vertrieb-marketing/ wie-kommt-ihr-buch-zum-leser/)

VLB

Die Bedeutung des Verzeichnisses lieferbarer Bücher (VLB) wurde schon mehrfach betont. Es ist *das* zentrale Marketing- und Rechercheinstrument der gesamten Buchbranche. Es ist *die* Referenzdatenbank für *alle* lieferbaren deutschsprachigen Publikationen. Zahlreiche Metadaten, wie zum Beispiel Inhaltsangaben, Verfügbarkeit, Bezugsquellen und Konditionen, machen das VLB zum Standardwerkzeug für Buchhandel und Bibliotheken. Hier werden auch die verbindlichen Verkaufspreise eingetragen. Alle Angebote auf allen Vertriebswegen müssen diesen einheitlichen Preis haben. Bei Zuwiderhandlung kann es Ärger geben. Einige Rechtsanwaltskanzleien haben sich darauf spezialisiert, auch bei winzigsten und unbeabsichtigten Verstößen saftige Bußgelder einzutreiben. Es gibt (Mitte 2017) politische Bestrebungen, diese Abzocke einzuschränken.

Die Website buchhandel.de ist die öffentliche Rechercheplattform des VLB. Als unabhängige Metadatenbank vereint das VLB rund 2,5 Millionen Titel aus mehr als 21.000 Verlagen (Stand Mitte 2017).

Die Daten des VLB (ISBN, Coverabbildungen, Klappentext) werden wie gesagt an zahlreiche Buchportale im Internet geliefert. Damit ist eine Meldung Ihres Titels an das VLB die wichtigste Voraussetzung für die Vermarktung und Verbreitung im gesamten Buchhandel.

Quelle: http://buch-veroeffentlichen.info/vertrieb-marketing/verzeichnis-lieferbarer-buecher-vlb/

AdB-online

Im AdB-Online, dem „Adressbuch für den deutschsprachigen Buchhandel", sind mehr als 7.500 Buchhandlungen, über 24.000 Verlage, Auslieferungen, Verlagsvertreter, Agenturen und buchhändlerische Organisationen in Deutschland, Österreich und der Schweiz verzeichnet (Stand Mitte 2017).

Mit seinen umfangreichen Angaben, wie der buchhändlerischen Verkehrsnummer, ISBN, Inhaber-Adresse und -Email usw. liefert es umfassende Informationen für die Auffindbarkeit Ihres Verlages und das Bestellen Ihrer Bücher. Denn über einen Eintrag im AdB-Online machen Kleinverleger ihre notwendigen Bestellinformationen für alle Buchhändler und Bibliothekare zugänglich und leicht auffindbar. Das Adressbuch enthält außerdem das offzielle Verzeichnis der Internationalen Standard-Buchnummern in Deutschland.

Der Service ist kostenpflichtig und kostet pro Jahr mindestens 89 € netto. Diese Investition lohnt sich auch für Kleinverleger. Alle weiteren Informationen finden Sie unter www.adb-online.de.

Quelle: http://buch-veroeffentlichen.info/vertrieb-marketing/adb-online/

Werbung und Marketing

Wer sein Buch verkaufen will, muss Aufmerksamkeit erzielen. Der zeitliche und finanzielle Aufwand dafür wird von Einsteigern oft unterschätzt. Erfahrene

Selbstverleger wissen, dass erfolgreiches Buchmarketing teurer werden kann als die Herstellung eines Titels.

Ausführliche Informationen und Tipps sind im Kapitel „Werbung und Vermarktung" zusammengefasst.

Technische Voraussetzungen

Der Besitz eines Computers wird hier mal vorausgesetzt. Es sollte keine lahme alte Krücke sein, die täglich abstürzt. Moderne Computer haben Prozessoren und Arbeitsspeicher, die für die Verarbeitung auch großer Textdateien ausreichen. 8 GB Arbeitsspeicher sollte ihre Kiste haben. Günstig ist eine schnelle 250- oder 500-GB-SSD-Festplatte. Zeitgemäß ist ein großer Bildschirm, auf dem Sie zwei DIN A4-Seiten nebeneinander ansehen können.

Das Allererste in diesem Geschäft ist natürlich der Besitz einer Emailadresse. Es gibt Dutzende von Providern. Welchen Sie wählen, ist ganz Ihrem Geschmack überlassen. Als Kleinverleger sollten Sie eine eigene Verlags-Email (und ein eigenes Girokonto) einrichten!

Grundsätzlich wird hier angenommen, dass Sie mit dem weit verbreiteten *Word*-Programm von Microsoft arbeiten. Warum Microsoft Word? Weil ein Zwischenschritt zur Kindle-Veröffentlichung die Umwandlung von DOC- in HTML-Dateien sein wird. Das kann Word sehr gut und einfach. Am besten merken Sie sich schon jetzt, dass Sie *Website, gefiltert* nehmen müssen, nicht *Website* allein. Schauen Sie mal nach unter *Datei / Speichern unter / Dateityp*.

Andere Textverarbeitungsprogramme, die mit Word kompatibel sind, können natürlich auch verwendet werden, zum Beispiel OpenOffice (Windows) oder „Pages" (Mac/OS).

Möglicherweise benötigen Sie auch das Rich-Text-Format RTF, das von der Differenziertheit der inneren Formatierung her zwischen DOC und TXT rangiert. WORD kann auch RTF.

Bei einigen Anwendungen – z.B. für das Buchdrucken bei Bedarf – wird es nötig, eine Word- oder HTML-Datei in ein PostDocumentFile (PFD) umzuwandeln. Word hat diese Funktion integriert (über die Druckfunktion.)

Der Adobe-PDF-Leser (Reader) dient nur zum Lesen von PDF-Dokumenten und sollte auf keinem PC fehlen. Dieser Reader kann schon relativ viel.

Empfehlenswert ist die PDF-Software „eDocPrintPro", die Sie kostenfrei herunterladen und installieren können (nur Windows). Bei der Installation wird dieser PDF-Writer auf Ihrem Computer als Druckertreiber erkannt und erscheint daher in der Liste Ihrer Drucker, sodass er allen Windows-Anwendungen zur Verfügung steht.

Wer mehr als vier Bücher pro Jahr herausgibt, sollte die knapp 30 Euro Monatsmiete für das PDF-Bearbeitungsprogramm „Adobe Pro DC" ausgeben. Dieses Programm kann wirklich viel.

Wichtig: Achten Sie darauf, dass im Dateinamen keine Umlaute oder Sonderzeichen enthalten sind, da diese sonst nicht von einigen Programmen gelesen werden können. Auch Leerzeichen im Dateinamen können zu Problemen führen.

Eigenes Konto eröffnen

Wenn Sie mehrere Einnahmequellen haben, lohnt es sich, der besseren Übersichtlichkeit wegen ein zweites Konto einzurichten.

Gerade Kleingewerbetreibende, die als Personenfirma agieren und Freiberufler tendieren dazu, private und geschäftliche Transaktionen über nur ein Konto laufen zu lassen. Bei der jährlichen Steuererklärung kommt es damit zwangsläufig zu einem Mehraufwand, da zunächst differenziert werden muss, welche Buchungen geschäftlich relevant sind und welche nicht. Dazu kommen unter Umständen überflüssige Diskussionen mit dem Finanzamt hinsichtlich der Verwendung bestimmter Ausgaben. Getrennte Konten, eines für den privaten Bereich, eines für die geschäftlichen Buchungen, schafft von Beginn an Klarheit und Transparenz.

Banken haben die Angewohnheit, für Geschäftskonten deutlich höhere Gebühren zu verlangen. Sie argumentieren damit, dass auf Geschäftskonten ein größeres Volumen an Buchungen abgewickelt werden muss.

Selbstständige, die als Personenfirma agieren, können diese Klippe jedoch umschiffen. Ist die Firmenbezeichnung mit dem Namen des Inhabers identisch – eine Voraussetzung für eine Personenfirma – eröffnet der Kunde das Zweit-Geschäftskonto einfach als normales Girokonto auf seinen Namen.

Es steht jedem Verbraucher frei, seine Konten dort zu eröffnen, wo er möchte. Einziger Hindernisgrund wäre ein schlechter Schufa-Eintrag. Dann kann die Kontoeröffnung abgelehnt werden. Es können so viele Konten gelegt, wie man möchte.

Ein Vergleich von Girokonten macht schnell deutlich, dass es Banken gibt, die relativ hohe Kosten für die monatliche Kontoführungsgebühr, die Kreditkarte und weitere Dienstleistungen in Rechnung stellen. Andere Banken verzichten auf die Kontoführungsgebühr und geben im Rahmen eines kostenlosen Kontopaketes auch die Kreditkarte gebührenfrei aus. Ein Vergleich lohnt sich. Da sich die Konditionen ständig ändern, kann hier keine Empfehlung gegeben werden. Das Internetportal „girokonto.org" nannte im Mai 2017 zwei empfehlenswerte Banken mit sehr geringen Kontoführungskosten: Deutsche Kreditbank DKB und Norisbank.

Quelle: http://www.girokonto.org/zweites-konto-eroeffnen-zweitkonto-kostenlos

Grundlegende Hilfen

Das Internet ist inzwischen voll von Tipps und Tricks für Autoren und Kleinverleger. Hier soll auf einige wenige hingewiesen werden.

Buchveroeffentlichen.com

Ist ein Online-Informations-Magazin für Menschen, die Autoren werden wollen. Die Seite ist übersichtlich unterteilt in „Buch schreiben", „Buch veröffentlichen", „Buch vermarkten" und „Buch gestalten".

Hilfen sind kostenpflichtig bei Ebook-Erstellung, Buchsatz und Layout, Coverdesign, Herstellung von Werbemitteln z.B. Flyer, Buchdruck von kleinen Auflagen, Beratung Buchveröffentlichung & Selfpublishing, Buchmarketing und Pressearbeit, Erstellung Autorenwebseiten und Erstellung von Werbebanner für Ihr Buch.

Mitdiskutieren kann man leider nicht. Eine Kommentarfunktion habe ich zumindest auf Anhieb nicht gefunden.

Buch-veroeffentlichen.info

Sie haben ein Buch geschrieben und möchten es in Eigenregie veröffentlichen? Vom Autor zum Selbstverleger ist es heute nur ein kleiner Schritt.

Auf buch-veroeffentlichen.info sind umfangreiche Informationen zusammengestellt, die Ihnen bei Ihrer Arbeit weiterhelfen. Themen sind: Herstellung Print, Herstellung digital, Vertrieb und Distribution, Marketing und Werbung sowie rechtliche Hinweise zu Titelschutz und Copyright.

Diese Seite wird betrieben vom Marketing- und Verlagsservice des Buchhandels GmbH in Frankfurt/Main.

Kindle

Bevor wir uns mit Kindle beschäftigen können, muss ein kurzer Blick auf das Problem der Formate und ihre Konvertierung geworfen werden.

Alles, was Sie noch nie über das Konvertieren von Formaten wissen wollten

Wie bei anderen elektronischen Techniken auch (z.B. DVDs), wird beim Self-Publishing mit verschiedenen Formaten gearbeitet. Kindle unterstützt Formate mit den Endungen AZW, MOBI, PRC, AZW1, TPZ, PDF und TXT. Sony hat einen eigenen Standard mit der Endung PRS und unterstützt ePub, LRF, LRX, RTF, PDF und TXT.

Lassen Sie sich davon nicht einschüchtern oder verrückt machen. Alle verbreiteten eBook-Lesegeräte verarbeiten mehrere Formate. Für Kindle müssen Sie nur wissen, dass hier Mobipocket (MOBI) relevant ist, obwohl das eigentliche Kindle-Fomat AZW heißt. AZW ist aber geschützt, so dass auf MOBI ausgewichen werden muss. Wenn Sie ein ePub-Buch auf Ihrem Kindle lesen wollen, müssen Sie es vorher in MOBI transferieren. Und für den Sony-Reader nehmen sie PRS. Nook und iPhone/iPOD-Touch kümmern sich nur um ePub. Die Konvertierung zu eBuch-Formaten geschieht von Ihrem Text aus, der wie gesagt, am besten als DOC vorliegt.

ePub scheint das Standard-eBook-Format zu werden, das von fast allen eBook-Lesegeräten verstanden wird, einschließlich Sony-Reader, BeBook, IREX-Reader, iPhone und dem aufstrebenden Nook von Barnes & Noble's. In Deutschland steigt die Zahl der verkauften Lesegeräte. Eigene Geräte bieten Weltbild-Hugendubel, Thalia („Oyo II", neuerdings „Tolino shine" zu 99 Euro) und die Tochtergesellschaft des Börsenvereins des Deutschen Buchhandels, MVB, an.

Die Geräte werden preiswerter, ihre Bildschirme brillanter und ihre Speicherkapazität größer. Die deutsche Version des einfachen Kindle kostet nur noch 54,99 Euro, die beste Version 319,99 Euro (Februar 2018). Das „KOBO Touch

Edition"-Gerät für 99,00 Euro versteht ePUB, PDF, jpeg, gif, png, tiff, txt, html, rtf, cbz und CBR. Die standardmäßig eigebauten 2 Gigabyte reichen für rund 1000 eBücher (Erweiterung bis zu 32 GB über MicroSD-Card).

Für die Konvertierung von Texten in das richtige eFormat benötigen Sie weitere Programme (Software). Ich schlage vor, dass Sie sich diese vorab holen, denn wenn Sie im Produktionsablauf aufgefordert werden, ein weiteres Programm zu nutzen, kann der Überblick rasch verloren gehen. Holen Sie sich die Programme also jetzt und legen Sie den Zugriff darauf auf dem Desktop ab.

Die meisten der hier erwähnten Programme sind kostenlos. Die Programmierer freuen sich über eine Spende („Donate"), sofern diese so schlau waren, einen Spenden-Button auf ihre Internetseite zu platzieren.

Hier folgen einige der benötigten Programme:

Kindle-Texte in MOBI konvertieren mit MobiPocket

Die Umwandlung bzw. Konvertierung in das PRC-Format, das von Amazon/Kindle gelesen wird, bewerkstelligt das Programm MobiPocket, Version 6.2 vom Juli 2014. Wie wir später noch sehen werden, stellt die Konvertierung mit MobiPocket möglicherweise einen (harmlosen) Umweg dar, um ans Kindle-Ziel zu kommen.

KindleGen

Das ist ein Werkzeug, das eBooks erstellt, die durch Amazons Kindle-Plattform verkauft werden sollen. Das Programm ist nur geeignet für Verleger und Autoren, die sich mit HTML auskennen und die ihre HTML-, XHTML-, XML-(OPF/IDPF Format) oder ePub-Dateien in ein Kindle-eBook verwandeln wollen. Ich schlage vor, dass Laien und Anfänger die Finger von „KindleGen" lassen.

KindlePreviewer

Wie wird mein Buch bei Kindle aussehen? Die Version 2.92 (vom Oktober 2014) ist auf derselben Seite wie das KindleGen zu finden (siehe Quellenhinweise und Links). Suchen Sie nach „Download Kindle Previewer", akzeptieren Sie die Nutzungsbedingungen und suchen Sie sich die passende Version aus. Das ist die Offline-Version. Sie liest die PRC-Dateien, d.h. Sie müssen vorher eine schon konvertierte Datei auf Ihrer Festplatte haben. Aber selbst wenn Sie diesen Schritt bei der Erstellung Ihres eBooks überspringen: Eine Kontroll-Vorschau erfolgt erneut über einen Button während der Konvertierungs- und Upload-Prozedur, während Sie online sind.

Kindle für PC

Amazon stellt schon jetzt viele Bücher kostenlos für Kindle bereit. Um diese zu lesen, benötigen Sie nicht unbedingt ein Kindle-Gerät. Es gibt das Programm „Kindle für PC", das ich zum Herunterladen und Ausprobieren empfehle. Gehen Sie zu Amazon.de und dort in der linken Spalte zu „Kindle" und weiter zu „Gratis Kindle Lese-Apps". Dort ist unter „Windows PC" die Software „Kindle für PC" abgelegt. Klicken Sie auf Download, der je nach Verbindungsleistung und Leitungsbelastung bis zu einigen Minuten dauern kann. Öffnen Sie „KindleForPc-Installer.exe". Die Sicherheitswarnung beantworten Sie mit „Ausführen". Das Setup startet und verlangt ein Einloggen bei Amazon. Den Kindle-Viewer gibt es natürlich auch für den Mac.

Um neue Bücher zu erwerben, klicken Sie *nicht* auf „Kindle-Shop". Sie landen nämlich bei Amazon.com. Öffnen Sie vielmehr den Browser Ihres Vertrauens, gehen zu Amazon.de, und dort auf „Gratis Kindle eBooks". Suchen Sie sich ein kostenloses Buch aus und klicken Sie auf „Jetzt mit 1-Click kaufen" (in der Zeile darunter wird *„Ihr Name* Kindle für PC" stehen). Möglicherweise werden Sie aufgefordert, Ihren Amazon-Zugang (*account*) von Amerika (.com) nach Deutschland (.de) zu verschieben. Das ist wichtig, da Sie ja wohl mit Euro bezahlen wollen. Dann *Bestellung abschließen.*

Ein erneuter Klick führt Sie zu Ihren „Kindle für PC"-Programm. Wenn das Buch nicht automatisch in „Kindle für PC" erscheint, öffnen Sie das Menü und wählen Sie „Sync and Check for New Items" (Synchronisieren und auf neue Artikel überprüfen). Klicken Sie auf „Archiv", da müsste jetzt die Zahl (1) stehen bzw. das Titelblatt erscheinen. Und schon geht's los.

Texte in ePub konvertieren

Einige Autoren sind schon so schlau, über den Kindle-Tellerrand zu schauen und nach weiteren Verbreitungsmöglichkeiten zu suchen. Das ePub-Format scheint sich als eBook-Standard zu etablieren. Der Weg dorthin ist steinig.

Calibre

Als Standard-Umwandlungsprogramm hin zu ePub wird meist „Calibre" genannt, ein kostenloses Programm für Windows, Mac OSX und Linux. Es soll praktisch alle Ausgangs-Formate zu ePub konvertieren können.

Meine Erfahrungen damit sind gemischt. Irgendwann mal wies Calibre eine doc-Datei zurück, mit einer HTML-Quelldatei funktionierte dann die Umwandlung in ePub dennoch. Mein Ziel war ja, bei Epubli ein ePub-Buch unterzubringen. Die Überprüfung (*validation*) der von Calibre generierten ePub-Datei zeigte jedoch Dutzende von Fehlern. Epubli wies meine ePub-Datei zurück! Ein einziger Fehler reicht Epubli, um die Datei nicht anzunehmen.

Threepress

Ein weiterer Test fand mit der Epubli-Empfehlung „Threepress" statt. Threepress zeigt Fehler in der Konvertierung auf, lässt aber einen mit der Problembehebung allein.

Ich werde einen Weg aufzeigen, wie das Problem behoben, das heißt eine fehlerfreie ePub-Datei erstellt werden kann (siehe „ePub Schritt 4"). Das erfolgt mit „Sigil", einem prima WYSIWYG-Editor, der unter Windows, Linux und Mac läuft: WYSIWYG bedeutet, dass der Text so aussieht, wie Sie ihn haben wollen.

Nun geht es richtig los.

Schritt 1: Ein guter Text muss vorhanden sein

Es hilft alles nichts, zuallererst brauchen Sie einen guten Text. Unter uns: Was so alles veröffentlicht wird, egal ob auf Papier oder elektronisch, ist oftmals peinlich zusammengestoppelt. Viele Autoren glauben, sie hätten bereits die Reife und das Können, eigene Texte einem größeren Publikum zumuten zu dürfen. Unsere demokratische Gesellschaft gibt auch solchen Autoren Raum. Gute Leser erkennen ziemlich schnell, ob ein Text etwas taugt oder ob sich da ein Dilettant redlich bemüht (oder ein Tölpel in einen Fettnapf tritt). Erfahrene Schreiber und Leser können einen guten von einem schlechten Text unterscheiden, Neulinge und Narzissten nicht.

Ein zumindest redlich bemühter Autor zeigt seine Texte zuvor seinen Freunden und Bekannten, ehe er sie in die weite Welt hinausschickt. Und er ist in der Lage, Kritik zu ertragen und produktiv umzusetzen. Ungeübte Autoren erkennt man sofort an ihrer ausgreifenden Kritikempfindlichkeit. Sie hängen an jedem Satz und an jeder Formulierung, als ob es keine Alternative gäbe. Es gibt Autoren, die unbekümmert um das Gewäsch der Leser ihre Produkte allzu selbstgefällig und leider auch unkorrigiert raushauen.

Was einen guten Text ausmacht, ist schwer zu definieren. Nicht allzu lange Sätze, möglichst wenige Fremdworte, treffende Formulierungen, Selbstbescheidenheit, keine Wiederholungen – das wären einige Kriterien. Der Buchmarkt ist voll von Ratgeberbüchern. Ich selbst würde die Bücher von Wolf Schneider empfehlen: *Deutsch! Das Handbuch für attraktive Texte* (rororo 2007), *Deutsch für Kenner – Die neue Stilkunde* (Piper 2005), *Deutsch fürs Leben – Was die Schule zu lehren vergaß* (rororo 1994) und *Deutsch für Profis – Wege zum guten Stil* (Goldmann 2001).

Ob Profi oder Anfänger: Ihr Text sollte auf alle Fälle gut redigiert sein. Schreib- und Rechtschreibfehler machen nicht nur einen an sich schon schwachen Text unmöglich. Ich gehe in dieser Broschüre davon aus, dass Sie mit Word 2007 oder 2010 arbeiten. Diese Microsoft-Programme haben ziemlich ausgefeilte Korrektur-Funktionen, die automatisch recht viele Fehler erkennen und für Autoren eine echte Hilfe sind. Microsoft Word als Einzelprogramm oder in einem „Office"-Softwarepaket kostet zwar einige Euros, aber die Investition lohnt sich.

Ihren Text sollten Sie also mit der eingeschalteten Rechtschreibkorrektur von Word schreiben. Das ist das Mindeste. Dann sollten Sie ihren vollständigen Text ausdrucken und vier Mal Korrektur lesen oder lesen lassen! Bitte jedes Detail beachten: vollständig ausdrucken – vier Mal Korrekturlesen. Man glaubt nicht, was noch alles an kleinen Schludrigkeiten gefunden werden kann. Diese Mühe sind Sie den Lesern schuldig. Wenn Sie schon einen schwachen Text haben, dann sollte der wenigstens korrekt sein. Einige Autoren scheinen allerdings der Meinung zu sein, man darf nicht nur nichts zu sagen haben, man muss auch unfähig sein, es auszudrücken.

Schritt 2: Den Text so wenig wie möglich formatieren

Schon wenn Sie beginnen, einen Text für Kindle zu schreiben, so formatieren Sie so wenig wie möglich. Kindle selbst kennt nämlich fast keine Formatierungen, oder anders gesagt, Kindle verschluckt all die schönen Formatierungen, die ein gutes Buch ausmachen: Kopf- und Fußzeilen, Seitennummerierungen, Kapitälchen, verschiedene Schriftarten und Zeilentrennungen. Für mich ist *das* Grund zur Annahme, dass elektronische Bücher (eBooks) zwar eine interessante Variante des Lesens darstellen, aber niemals die Papierform ersetzen können. Die eBook-Form ist eine erschütternd kümmerliche Variante des aufregenden Produktes Buch. Die Vielfalt des Buches werden Kindle, iBook und die anderen Varianten bis auf weiteres nicht erreichen können, doch geht der Trend hin zu differenzierteren Layouts. Fußnoten beispielsweise: Enthält Ihr Buch Fußnoten? Kunden erwarten, dass sie über Fußnoten-Links direkt zum Text der Fußnote gelangen und dann an die richtige Stelle im Buch zurückkehren können. Fehlerhafte Fußnoten-Links können zu negativen Kundenrezensionen und ggf. sogar dazu führen, dass Ihr Buch vom Verkauf zurückgezogen wird. Benutzer von Microsoft Word können zum Erstellen von Fußnoten einfach die Schaltfläche zum Einfügen von Fußnoten verwenden. Kindle erledigt dann den Rest. Automatisch formatierten Fußnoten sind seit Mai 2014 möglich.

Aber eBooks können vieles nicht oder nur eingeschränkt, was echte Bücher haben: das Papiergefühl, die Schwere eines Buches, das Vor- und Zurückblättern, die viel bessere Übersicht darüber, wo ich mich gerade befinde, man kann sie verleihen und vieles mehr. eBooks haben durchaus Vorteile. Sehr viele Bücher lassen sich elektronisch speichern und mitnehmen, man kann Notizen einfügen und sogar Eselsohren. In naher Zukunft werden die Texte mit interaktiven Grafiken oder Videosequenzen verknüpft sein.

Nun gut, Sie wollen also bei Kindle veröffentlichen. Schreiben Sie ihren Text in einer Standardschrift wie Arial 11 Punkt, das ist gut am Bildschirm zu lesen. Stellen Sie die Absatzformatierung so ein, dass ein Abstand zwischen den Absätzen zu sehen ist. So behalten Sie besser den Überblick, aber der Abstand vor oder nach einem Absatz wird dann von Kindle rausgenommen. Schalten Sie das Trennprogramm aus. Fett- und Kursivschrift werden immerhin von Kindle übernommen. Aufzählungszeichen nach Möglichkeiten vermeiden; Kindle reduziert sie auf einen einfachen Strich. Keine Kopf- und Fußzeilen, keine Absatzeinrückung (Kindle rückt automatisch jeden Absatz ein, auch den ersten nach einer Kapitelüberschrift), keinen besonderen Zeilenabstand usw. Zum Beispiel auch keine willentlichen Zeilenenden mit der Return-Taste versuchen; in der Kindle-Ansicht kommt nur Kuddelmuddel raus. Das ist der Grund, warum Kindle schlecht für Gedichte und Poesie ist.

Der einzige Hinweis, den Sie zunächst beachten sollten, ja geradezu müssen, ist folgender: Fügen Sie vor jedem Kapitel eine Kapitelüberschrift ein; nehmen Sie dazu die Word-Funktion *Formatvorlage* und dort *Überschrift*. Versehen Sie den Absatz (wohl genauer gesagt die Zeile) „Überschrift" mit einem zwingenden Seitenwechsel. Das geht so: Gehen sie mit dem Cursor auf die Zeile, die eine Überschrift werden soll, klicken Sie 1 x rechts, gehen Sie auf Formatvorlagen und dort mit dem Zeiger auf *Überschrift*, dort 1 x rechts klicken und dann 1 x links auf *Ändern*, im neuen Untermenü ganz unten weiter mit *Format* und *Absatz* und dort unter *Zeilen- und Seitenumbruch* den *Seitenumbruch oberhalb* aktivieren. Klicken Sie auf OK und alle Überschriften erhalten davor einen neuen Seitenanfang. Damit weiß Kindle (oder das Konvertierungsprogramm „Calibre", siehe weiter unten), dass ein neues Kapitel beginnt. Das wird später noch wichtig für die Inhaltsübersicht. Und nehmen Sie lieber zwei kürzere als ein längeres Kapitel.

Der schwierigere und kompliziertere Weg ist über *Einfügen/Manueller Wechsel/Seitenwechsel*.

Seit Januar 2012 bietet Amazon unter dem Namen „Kindle Format 8" (KF8) verbesserte Formatierungsmöglichkeiten an. Jetzt können Formatierungen eingebaut werden wie hervorgehobener Text, farbiger Text, bildumfließender Text, Listen mit Aufzählungspunkten, Tabellen und vieles mehr. Der Kindle-Kurzleitfaden wurde entsprechend ergänzt. KF8 erleichtert die Formatierung, denn das gewünschte Aussehen kann direkt in der Word-Datei vorgenommen werden und wird dann von Kindle übernommen. Möchten Sie Ihr Verständnis von Kindle Format 8 noch weiter vertiefen, dann schauen Sie sich die Amazon-Kindle-Veröffentlichungsrichtlinien an, welches allerdings nur auf Englisch vorliegt, einschließlich einer kompletten Liste aller HTML- und CSS-Tags.

Kindle kann ab April 2012 auch größere, hochaufgelöste Titelbilder für Kindle-Bücher aufnehmen. Dementsprechend wurden die Richtlinien für Produktbilder aktualisiert. Die neuen Richtlinien für Titelbilder legen fest, dass Produktbilder mindestens 1.000 Pixel (längste Seite) haben sollten. Empfohlen wird aber mindestens 2.500 Pixel (längste Seite). Um sicherzustellen, dass Ihr Bild diese Bedingung erfüllt, klicken Sie mit der rechten Maustaste auf Ihr Bild und wählen Sie „Eigenschaften" und schauen dort nach.

Schritt 3: Das Vorblatt einfügen

Ein Vorblatt wie in den richtigen Büchern ist nicht unbedingt notwendig, enthält aber einige leserfreundliche Informationen zum Urheberrecht (deswegen auch Urheberrechtsseite genannt).

Überlegen Sie sich spätestens jetzt einen aussagekräftigen Buchtitel. Die Autoren, die derzeit am meisten Erfolg haben, kopieren die gängigen Vampir-Geschichten: „Dämonenbiss" (Nathan Jaeger), „Elbenbiss" (Tonja Züllig) oder „Kaffee mit Biss" (Maria Magdalena Lacroix). Nehmen Sie keine Ein-Wort-Titel („Der Sturm", „Der Schwarm"), letztere sind alle schon vergeben. Autoren und Verlage genießen Titelschutz, der nicht ungestraft verletzt werden darf.

Gehen Sie an den Anfang Ihres Textes und geben dort in etwa ein:

Nachname, Vorname, Titel, Untertitel, Datum 1. Auflage, Copyright, Ort, Titelblattherstellung (falls jemand geholfen hat oder ein urheberrechtsgeschütztes Bild verwendet wird), ISBN (falls vorhanden), Internetadresse.

Das Vorblatt dieses Buches sieht dann etwa so aus:

Mackenthun, Gerald: Bücher veröffentlichen bei Kindle und Epubli – auf Deutsch. Ein Erste-Schritte-Handbuch. Berlin 2011

1. Auflage Mai 2011

Copyright © Gerald Mackenthun

ISBN ... [falls vorhanden, dazu später mehr]

www.geraldmackenthun.de

Für sachdienliche Korrekturen wäre ich dankbar: gerald.mackenthun (at) googlemail.com

Selbstverleger ohne Verlag sollten ihre komplette Adresse ins eBook mit aufnehmen, sodass man eindeutig erreichbar ist, falls ein interessierter Verlag oder die Presse mit einem Kontakt aufnehmen möchte.

An dieser Stelle ist vielleicht ein Hinweis darauf angebracht, dass Autoren selbstverständlich auch unter *Pseudonym* oder *anonym* veröffentlichen können. Anmelden müssen Sie sich natürlich mit vollem und echtem Namen, schon allein wegen der Angaben zu Ihrem Konto. Beim Hochladen werden Sie immer gefragt, wie der Autor heißen soll; dort können Sie Ihren Schriftstellernamen eintragen.

Schritt 4: Buchcover erstellen

Das Titelblatt muss gesondert erstellt und als JPEG abgespeichert werden. Wenn das Titelblatt im Text integriert ist und der Text zu Amazon hochgeladen wird, erscheint es zweimal. Auf dem Titelblatt sollen natürlich der Name des Autors, Titel und Untertitel und eventuell der Verlag erscheinen.

Ein Titelblatt ist der halbe Verkaufserfolg. Es sollte ansprechend und aussagekräftig sein. Wer unsicher ist, sollte sich professionelle Hilfe holen. An dieser Stelle kann es nur erste Hinweise für ein einfaches Titelblatt geben. Die Formatierungsmöglichkeiten sind hier fast unbegrenzt; die einzige Einschränkung ist die, dass das Titelbild im JPEG-Format abgespeichert werden muss, und in keinem anderen.

Öffnen Sie ein neues „Word"-Dokument, fügen Sie die gewünschten Informationen ein und vergrößern Sie den Text so, dass er den Platz eines DIN A-4-Blattes einnimmt. Spielen Sie mit Farbe und Schriftart. Suchen Sie ein schönes Bild aus und fügen Sie es in das Blatt ein. Falls nötig, bearbeite ich das Bild mit der kostenlosen Bildbearbeitungs-Software „Gimp"„ von *Softonic*. Gimp steht für „GNU Image Manipulation Program". Es erhielt Bestnoten von den Lesern des Computermagazins *Chip* und wurde schon 6,5 Millionen Mal kopiert (Stand Mai 2011). Empfehlenswert sind auch die Bildbearbeitungsprogramme „Photoshop Elements" von *Adobe* (ca. 83 Euro) oder „Foto & Grafik Designer" von *Magix* (ca. 63 Euro). Die Vorläuferversionen sind oft schon zum halben Preis zu haben.

Wenn Sie ein wenig Geld für ein **Titelfoto** ausgeben wollen, dann werden Sie eventuell bei „iStock" fündig. Bei iStock finden Sie alles, was sie für die Gestaltung von Büchern, eBooks, Webseiten, Newslettern, Apps und anderen mobilen Anwendungen benötigen: Hochwertige Bilder, Videos und Sounds, die viel her machen, aber nur wenig kosten. Ende 2011 waren neun Millionen Dateien zu Preisen ab 8,00 Euro lieferbar (Mindestabnahme 6 Credits zu je 1,33 Euro).

Teilweise werden auf die iStock-Seiten geringere Preise angegeben, was verwirrt. Die herunter geladenen Dateien sind zeitlich unbegrenzt nutzbar! Das ist nicht selbstverständlich. Andere Bildanbieter begrenzen die Nutzung auf 12 oder 18 Monate. Danach müssen Sie neu blechen. Die Anzahl iStock-Credits, die Sie für den Download benötigen, hängt vom Typ, der Komplexität und Größe der Datei ab. iStockphoto hatte früher ein konfuses Kreditpunktesystem, doch seit September 2012 gibt es die direkte Zahlungsoption. Man kann jetzt also auch Bilder einzeln in den Warenkorb legen und ohne Credits bezahlen. Wunschdatei auswählen, in den Einkaufswagen legen und an der Kasse mit Kreditkarte bezahlen – ganz ohne Credits. Credits – die Kunstwährung von iStock – gibt es weiterhin. Sie bleiben wohl die bevorzugte Zahlungsoption für alle, die oft viele Dateien herunterladen. Wenn Sie aber nur ab und zu Bilder, Sounds oder Videos von iStock kaufen wollen, ist die neue, direkte Zahlungsoption ohne Umweg über Credits die bessere Alternative. Sie können entscheiden, welche Zahlungsmethode am besten zu Ihnen und Ihrem Projekt passt.

iStock-Dateien können für (fast) alle denkbaren Einsatzzwecke genutzt werden – egal ob privat oder gewerblich. Die in Kanada beheimatete Firma iStock ist seit 13 Jahren am Markt und einer der weltweit führende Anbieter für rechtssichere und lizenzfreie Bilder, Videos und Sounds. Sind Sie angemeldet und eingeloggt, können Sie lizenzfreie Bilder, Videos und Audiodateien durchsuchen. Sie können sicher sein, kein Urheberrecht zu verletzen. Über den Umfang der Verwendungserlaubnis informiert die Seite http://deutsch. istockphoto.com/help/licenses.

Suchen Sie mit der Suchfunktion einige Bilder aus und legen Sie diese in einem „Leuchtkasten" ab (ganz rechts unten auf der Seite versteckt). Rufen Sie ein interessantes Bild auf. Es erscheint eine Liste, in welcher Auflösung das Bild erhältlich ist; je größer die Auflösung, desto teurer. Um kaufen zu können, müssen Sie sich natürlich mit Adresse anmelden. Bezahlt werden kann unter anderem mit PayPal.

Angenehm ist die fein justierbare Suchfunktion von iStockphoto. Man kann nach Dateitypen suchen (Fotos, Illustrationen, Videos etc.), nach Neuzugängen, nach Grundfarben oder man kann sich Bilder anzeigen lassen, die oben genug freie Fläche haben, um einen Schriftzug oder Buchtitel unterbringen zu können. iStockphoto ist nicht nur was für Profis. Beim Download ist eine Bildgröße von mindestens 1800 x 1200 Pixel sinnvoll, das entspricht der Dateigröße „M" bei iStockphoto.

Das **Titelblatt** ist Fummelarbeit. Die Instrumente, die „Word" dafür zur Verfügung stellt, sind kompliziert und müssen erst erlernt werden. Hilfreich ist die Word-Funktion *Deckblatt* (Karteikarte *Einfügen*, ganz links *Deckblatt*; oder Alt+I, Alt+L). Suchen Sie eines aus und ergänzen Sie die vorgeschlagenen Textfelder. Speichern Sie die „Word"-Datei beispielsweise unter „Buchcover.doc" ab. Und merken Sie sich, wo Sie es abgespeichert haben! Jetzt wäre Gelegenheit, auf der Festplatte einen neuen Ordner anzulegen, zum Beispiel „Kindle_Handbuch_Publishing" (Windows+E / Speicherort aussuchen / rechter Mausklick *Neuer Ordner*).

Nun muss diese DOC-Cover-Datei in eine JPG-Datei umgewandelt werden. Es gibt einige Shareware-Programme (kostenlose Programme sind mir nicht bekannt), die DOC-Dateien in JPG umwandeln. Beispielsweise „Fineprint" (kostet 40 Euro): Das Programm funktioniert wie ein virtueller Drucker, bei dem sich dann ein beliebiges Grafikformat für die Ausgabedatei einstellen lässt.

Nach diesem Prinzip funktioniert auch „Universal Document Converter". Es wandelt Dokumente in JPEG, TIFF und in weitere grafische Dateiformate um. Das Konvertieren von Word-Dokumenten ins JPEG-Format ist genauso einfach wie das Drucken auf Papier. Es kostet 59 Euro (Stand September 2014).

Eine Umweglösung ist es, die Datei als PDF (Post Document File) zu speichern und dann zu JPG zu konvertieren. Der Qualitätsverlust ist erheblich! Nicht zu empfehlen. Oder man druckt das Dokument aus und scannt es mit hoher Auflösung ein. Das geht, ist aber umständlich und unelegant.

Probieren Sie stattdessen folgendes aus: Erstellen Sie vom DOC-Bild ein Bildschirm-Bild, einen so genannten Screenshot. Holen Sie dazu das Coverbild auf Ihren Bildschirm und drücken Sie bei den Funktionstasten Ihrer Standardtastatur den Knopf *Druck* (oder *S-Abf*). Rufen Sie GIMP auf und drücken Sie *Bearbeiten / Einfügen* (gehen Sie *nicht* über „Neu"!). Es erscheint die ganze Bildschirm-Seite. Wählen Sie aus dem GIMP-Werkzeugkasten die *rechteckige Auswahl*. Markieren Sie durch Festhalten der linken Maustaste und durch Ziehen den gewünschten Bildausschnitt. Klicken Sie *Bild / Auf Auswahl zuschneiden*, dann *Datei / speichern*. Suchen Sie den richtigen Speicherort aus und geben Sie der Datei einen Namen plus JPG-Endung. *Speichern*, *Exportieren* und nochmals *Speichern*.

Das JPG-Bild steht nun zum Einfügen bereit.

Schritt 5: Letzte Feinheiten

Bevor Sie Ihren Text samt Titelbild zu Amazon hochladen, müssen Sie sicher sein, dass Sie über die Veröffentlichungsrechte verfügen. Bei eigenen Texten ist das kein Problem, doch zitierte Fremdtexte müssen mit Quellenangaben versehen sein. Auch das Titelbild muss von Ihnen stammen. Bilder bei Wikipedia beispielsweise sind in der Regel „gemeinfrei" (GNU), können also von allen benutzt werden. Lesen Sie dazu die Hintergrundinformationen zum jeweiligen Bild.

Entfernen Sie aus dem Text etwaige Seitenzahlen, schalten Sie das Trennprogramm aus und eliminieren Sie eventuell vorhandene „bedingte Trennstriche" mit der *Ersetzen...*-Funktion (bedingte Trennstriche werden mit „gar nichts" ersetzt, d.h. lassen Sie die *Ersetzen durch*-Zeile frei).

Inhaltsverzeichnis: Gehen Sie an den Anfang des Textes gleich hinter das Vorblatt und erstellen Sie ein Index. In „Word" klicken Sie auf *Verweise / Inhaltsverzeichnis / Inhaltsverzeichnis einfügen / deaktivieren Sie „Seitenzahlen einfügen" / OK*. Es erscheint an der Stelle, wo der Cursor steht, das Inhaltsverzeichnis, das eventuell noch manuell bearbeitet werden muss.

Erstellen Sie eine Kopie des Inhaltsverzeichnisses und speichern Sie die unter einer eigenen Datei ab. Diese Informationen („Nebenangaben" bzw. Metadaten, siehe übernächster Absatz) können Sie eventuell später noch woanders gebrauchen.

Kontrollieren Sie, dass jedes Kapitel mit einer neuen Seite beginnt. Falls Sie das noch nicht gemacht haben, ändern sie die Formatvorlage für das von Ihnen verwendete Format für die Zwischenüberschriften unter: *Formatvorlagen ändern / Format (links unten) / Absatz / Zeilen- und Seitenumbruch / „Seitenumbruch oberhalb"* aktivieren.

Metadaten zusammenstellen: Spätestens jetzt sollten Sie eine eigene Datei mit Nebenangaben zu Ihrem Buch erstellen. Hier kommen Angaben rein, die Sie später brauchen, wenn Sie Ihren Text zu Kindle, einer ePub-Plattform oder einem Print-on-Demand-Anbieter hochladen oder im Verzeichnis Lieferbarer Bücher (VLB) eintragen. In diese Datei gehören:

- das Impressum, eventuell mit einer ISB-Nummer
- fünf bis zehn Stichworte („tags"), nach denen Suchmaschinen fahnden können

- freigegebene Seiten, also jene Seiten, die Amazon/Kindle als Leseprobe an Interessenten verschickt (Format „1,2,3,4,5,6,7, 8,9,10,11")
- Kurztext von ein bis zwei kurzen und knackigen Zeilen: Um was geht es in diesem Buch?
- Hauptbeschreibung von 15 bis 20 Zeilen Länge: Darin steht das Wichtigste zum Inhalt, was den Leser animieren soll, das Buch zu kaufen und zu lesen. Die Beschreibung ist wie die Innenklappe einer gebundenen Ausgabe. Diese Beschreibung ist der erste Hinweis an den potenziellen Leser, wenn die entsprechende Amazon-Internetseite aufgerufen wird, und sollte entsprechend sorgfältig formuliert sein. Amazon/Kindle wird Ihnen dazu bis zu 4000 Zeichen gewähren.
- Biographische Anmerkungen zu ihrer eigenen Person in 3 bis 4 Zeilen
- Text der Buchrückseite (5 bis 10 Zeilen): Anreißen, Aufmerksamkeit erregen, Interesse erwecken
- Weitere Bücher des Autors: Stellen Sie für die letzte Seite ihres Textes Ihre schon erschienenen Werke mit bibliographischen Angaben vor.

Die Nebenangaben können Sie teilweise für weitere Buchprojekte verwenden. Übertragen Sie jetzt Teile davon in Ihre Hauptdatei.

Speichern im HTML-Format: Sobald Sie mit dem Buch einigermaßen zufrieden sind, speichern Sie die Word-Datei im Format *Webseite, gefiltert (*.HTM & *.HTML)*. Dieses Format ist zur Erstellung eines Kindle-Books unbedingt erforderlich! Es erfolgt eventuell eine Warnung, dass Formatierungen verloren gehen. Ignorieren Sie das und gehen sie mit „OK" weiter.

Schritt 6: Das Ergebnis überprüfen

Bevor Sie Ihr Buch in die weite Welt hinausschicken, wollen Sie sicherlich überprüfen, ob es ansehnlich genug ist. Auch wenn Sie diesen Schritt überspringen: Sie haben später während des Hochladevorgangs zu Amazon noch Gelegenheit, das Werk in seiner Wirkung auf dem Kindle zu überprüfen und Korrekturen vorzunehmen.

Zunächst muss der Text in das MOBI-Format umgewandelt werden.

Das Programm „MobiPocket Creator" ist auf der Website mobipocket.com verfügbar. Falls noch nicht geschehen: Laden Sie das Programm herunter. Dann rufen Sie Ihre HTML-Datei auf (*Import from existing file / HTML document*), suchen Sie einen Ordner aus, wo die konvertiert Datei landen soll, und importieren Sie die HTML-Datei durch einen Klick. Markieren Sie die Datei.

Drücken Sie oben in der Leiste auf *Build* und dann noch mal auf *Build*. Falls es „Warnings" gibt, schauen Sie sich *Show build details* an. Meist kann man die Warnung ignorieren. Wählen Sie *Preview* und drücken Sie *OK*. Das MobiPocket-eigene Lesegerät zeigt Ihren Text. Aber wir wollten ja mit dem KindlePreviewer arbeiten.

MobiPocket speichert die Datei im PRC-Format. Die PRC-Datei ist im Ordner *Eigene Dateien\Eigene Veröffentlichungen* gespeichert, es sei denn, Sie haben einen eigenen Speicherort ausgewählt. An diesem Speicherort können Sie Ihr PRC-Buch abrufen.

Falls Sie bereits über ein Kindle-Gerät verfügen: Schließen Sie das Gerät über USB an Ihren Computer an, suchen Sie die konvertierte Version Ihres Buches und ziehen Sie den Dateinamen mit der Maus auf das Kindle-Symbol. Ihr Text müsste jetzt vom Kindle-Gerät angezeigt werden.

Wenn Sie noch kein Kindle-Gerät haben, so gibt es im Internet den kostenlosen *Kindle-Previewer*. Falls Sie ihn noch nicht heruntergeladen haben, dann ist jetzt die Zeit dafür. Suchen Sie nach „Download Kindle Previewer", akzeptieren Sie die Nutzungsbedingungen und suchen Sie sich die passende Version aus. Das ist die Offline-Version.

Installieren Sie den Previewer. Er liest die PRC-Dateien, d.h. Sie müssen vorher eine schon konvertierte Datei auf Ihrer Festplatte haben. Klicken Sie auf *File / Open Book* und suchen Sie die PRC-Datei.

Falls Sie Änderungen vornehmen wollen, müssen Sie zurück zur DOC-Datei, die Änderungen einbauen, erneut mit Mobi zu PRC konvertieren und das Ergebnis begutachten.

Schritt 7: Den Verkaufspreis festlegen

Denken Sie jetzt über den Verkaufspreis nach. Später, wenn Sie bei Kindle Direct Publishing (KDP) einen „Listenpreis" angeben sollen, wird es sonst zu schwierig.

Die Buchpreisbindung gilt auch für Selbstverleger. Dem Vernehmen nach dürfen Verlage (und dazu zählen auch Selfpublisher) den einmal festgesetzten

Preis erst nach 18 Monaten senken, weil das Gesetz über die Preisbindung für Bücher (BuchPrG) ebenso für eBooks gilt. Der Börsenverein des Deutschen Buchhandels sieht die Sache eher gelassen. Es sei rechtlich zulässig, den Preis eines Buchs zu heben oder zu senken, wenn die Marktverhältnisse das erfordern. Wichtig ist aber, dass das Buch zu jeder Zeit bei allen Anbietern gleich viel kosten muss. Ein Preis bei Amazon, ein anderer in Apples Buchladen, das wäre unzulässig.

Das Problem ist, dass es in Deutschland eine Buchpreisbindung gibt, Amazon/KDP jedoch grundsätzlich den deutschen an den amerikanischen Verkaufspreis koppelt. Wegen der Wechselkursschwankungen lässt das den deutschen Verkaufspreis ebenfalls schwanken, was eigentlich unzulässig ist. Eine akzeptable Lösung scheint jetzt gefunden. Deutscher und US-Nettopreis lassen sich getrennt eingeben. Dazu gleich mehr.

Bei KDP haben Sie die Wahl zwischen 35 und 70 Prozent Tantiemen, also Auszahlungen von Amazon an Sie. Die 70-Prozent-Gebiete sind bislang: Deutschland, Österreich, Schweiz, Liechtenstein, Luxemburg, Vereinigte Staaten, Vereinigtes Königreich (einschließlich Guernsey, Jersey und Isle of Man) und Kanada. Das dürfte fürs Erste eigentlich ausreichen.

Sehr viel Unmut ruft die noch anhaltende Absprache der deutschen Verlage hervor, die Preise für elektronische Bücher auf dem Niveau der gedruckten zu halten, obwohl bei elektronischen Büchern (eBooks) die Druckkosten und der Vertrieb wegfallen. Sie sollten Ihren eBook-Preis also deutlich unter dem Preis für ein gedrucktes Exemplar halten.

Nun ist es aber so – warum einfach, wenn es auch umständlich geht –, dass Bücher mit 70-%-Tantiemen mindestens 2,60 Euro kosten müssen – bis maximal 8,69 Euro. Man frage nicht, warum. Elektronische Bücher mit 35-%-Tantiemen darf es ab mindestens 0,86 Euro geben; der Höchstpreis liegt aber dann bei 173,91 Euro.

Weil Ihr Buch als Erstling vermutlich kein Verkaufshit werden soll, sondern der Erprobung dient, würde ich die 35-%-Regelung und einen Verkaufspreis von beispielsweise 1,49 Euro vorschlagen. Doch Obacht! Der Verkaufspreis ist nicht der „Listenpreis", der von Ihnen später beim Hochladen eingegeben werden muss.

Der von Ihnen anzugebende *Listenpreis* versteht sich nämlich *ohne* Mehrwertsteuer (MwSt). Eine MwSt von 3 % wird auf Käufe von Kunden in EU-Ländern verrechnet. Für andere Länder fällt der Mehrwertsteuersatz unterschiedlich aus. Sie können Ihre Tantiemen also nicht wirklich im Voraus berechnen.

Hinweis: Amazon/Kindle teilte Ende 2011 mit, dass der Mehrwertsteuersatz, den Kindle dem Listenpreis hinzufügt, ab 1. Januar 2012 von 15 auf 3 Prozent gesenkt wird. Bitte beachten Sie, dass die nachfolgenden Zahlen nicht mehr korrekt sind; das Prinzip aber bleibt gleich.

Bei einem Verkaufspreis von 1,49 Euro muss der Mehrwertsteuersatz von 3 % (ab 1.1.2012, vorher 15 %) abgezogen werden, um zum Listenpreis zu kommen. Rechnen Sie es aus und notieren Sie sich diese Zahl für später. Die geschätzte Tantieme beträgt dann ungefähr 0,44 Cent pro Verkauf in Euro.

Weil aber der deutsche Listenpreis indirekt an den amerikanischen gekoppelt ist, müssen Sie den amerikanischen Listenpreis errechnen. Suchen Sie sich im Internet einen Währungsrechner – beispielsweise Oanda.com – und geben Sie Ihren Euro Listenpreis ein. Notieren Sie den Umrechnungsbetrag in Dollar.

Versandkosten fallen nicht an – oder doch? Die Lieferkosten für ein digitales Buch entsprechen der Anzahl von Megabyte Ihrer Datei, multipliziert mit einem bestimmten Faktor. Die Details sollen hier nicht langweilen, zumal die Kosten minimal bleiben. Bei einer Dateigröße von angenommen 0,5 Megabyte (entspricht 500 Kilobyte) berechnet Amazon Lieferkosten von etwa 5 Euro-Cent.

Bitte denken Sie noch daran, dass die 0,44 Cent pro verkauftem eBuch in Ihrer Steuererklärung als Einnahme angegeben werden müssen. Die 3 % Umsatzsteuer führt Amazon für Sie ab, aber die ausgezahlten Tantiemen werden zu Ihrem Einkommen hinzugerechnet. Zugleich sollten Sie natürlich die Aufwendungen für Ihre Buchproduktion (Werbung, Steuerberater usw.) als einkommmenssteuermindernd angeben.

Schritt 8: Hochladen zu Amazon

Jetzt wird es spannend. Nehmen Sie sich ein gutes Stündchen Zeit, in der sie ungestört arbeiten können. Gehen Sie ins Internet (am besten mit einer zeitunabhängigen Zugangspauschale).

Rufen Sie als erstes kdp.amazon.com auf, loggen Sie sich ein mit Ihren *deutschen* Daten oder erstellen Sie ein neues Konto. Achten Sie darauf, dass Sie bei kdp.amazon.com sind (nicht amazon.de oder *.co.uk). Auf „Einen neuen Titel einfügen" klicken. Es erscheint eine Übersicht, der Sie einfach folgen:

- Buchtitel eingeben;
- Versionsnummer: Nehmen Sie im Zweifelsfall die „1";
- geben Sie einen treffenden „Klappentext" ein, den Sie hoffentlich schon vorbereitet haben;
- benennen Sie unter „Mitwirkende" mindestens sich selbst (als „Autor") und falls nötig Koautoren;
- Sprache: Deutsch;
- das Veröffentlichungsdatum können Sie noch frei lassen, wenn Ihr Buch bis auf weiteres im Status „in Arbeit" verbleibt (wenn es einmal eingegeben ist, lässt es sich nicht wieder löschen. Hier müsste Amazon noch ein wenig dran feilen).
- Verlag: Muss nicht angegeben werden. Wenn Sie aber einen gegründet haben (siehe Kapitel „Gewerbeanmeldung"), darf und soll er hier erscheinen.
- Falls Sie eine ISB-Nummer haben (siehe Kapitel „ISB-Nummer beantragen"), kann diese hier eingetragen werden, und zwar ohne Trennstriche. Für Kindle-Bücher sind ISB-Nummern allerdings sinnlos, weil sie nur bei Amazon zu haben sind und ja nicht vom Buchhandel bestellt werden können..
- Sie müssen über die Veröffentlichungsrechte verfügen.

Die Kategoriennamen bei Amazon sind nicht immer treffend. Man kann keine eigenen Kategorien eingeben, sondern muss den Vorgaben folgen.

Mehr Chancen haben Sie bei den Suchschlagwörtern, die mit Kommata getrennt werden.

4.: Jetzt das vorbereitete Buch-Titelblatt (Buchdeckel, Cover) zu Amazon hochladen. Es kann später noch geändert werden. Klicken Sie auf *Nach einem Bild durchsuchen*, d.h. suchen Sie auf Ihrem Computer das JPG-Titelblatt (hoffentlich wissen Sie noch, wo es abgelegt ist), klicken Sie auf *Öffnen* und dann auf *Bild hochladen*. Es erscheinen das Bild im Miniformat und der Hinweis *Erfolgreich hochgeladen*. Klicken Sie auf das rote X im Fenster rechts oben.

Bei „5. eBook-Datei hochladen" aktivieren Sie die digitale Rechteverwaltung. Die digitale Rechteverwaltung soll die unberechtigte Verbreitung der Kindle-Datei Ihres Buchs verhindern. Achtung: Nachdem Ihr Buch veröffentlicht wurde, können Sie diese Einstellung nicht mehr ändern.

„Nach einem Buch durchsuchen": Hier ist jetzt die HTM-Version gefragt (nicht die DOC-Version und auch nicht die PRC-Datei). Klicken Sie wieder auf *Öffnen* und *Buch hochladen*. Warten Sie, das kann einige Sekunden dauern. Dann *Buchvorschau*. Das ist ganz wichtig.

Es erscheint ein Kindle-Klon, mit dem Sie die Wirkung Ihres Buches erneut überprüfen können. Sie werden möglicherweise enttäuscht sein.

Wenn Sie etwas ändern wollen, rufen Sie erneut „Word" und die DOC- oder die HTM-Datei auf und ändern Sie Ihren Text. kdp.amazon.com kann im Hintergrund weiterlaufen.

Speichern Sie das Werk erneut unter *Webseite, gefiltert (*.HTM & *.HTML)*.

Wiederholen Sie den *Buch hochladen*-Vorgang.

Drücken Sie auf *Speichern und fortfahren* oder – falls Sie unsicher sind – auf *Später veröffentlichen*.

Es erscheint eine neue, zweite Seite.

Wählen Sie die Länder aus, in denen Ihr Buch erscheinen soll, am besten *Weltweite Gebiete – alle Rechte*, es sei denn bestimmte Urheberrechte lassen es angebracht sein, die Länder einzuschränken.

Über die komplizierte und teilweise undurchsichtige Tantiemenregelung wurde im Kapitel „Den Verkaufspreis festlegen" gesprochen. Sie haben hier die freie Wahl, doch wenn Sie zunächst einmal meinem Vorschlag folgen, dann kreuzen Sie die 35-%-Tantieme an, tragen Sie den amerikanischen Listenpreis von 1,81 US-Dollar und den deutschen von 1,27 Euro ein. In der britischen und der französischen Spalte machen Sie das Kreuz bei *Preis festlegen, automatisch basierend auf amerikanischen Preis*. Klicken Sie zunächst einmal auf *Später veröffentlichen* und schauen Sie sich die Seite noch mal an. Ihre „geschätzte Tantieme" wird mit 0,44 Cent angegeben. Im Kleingedruckten erfahren Sie die Größe Ihrer Buchdatei nach der Umwandlung.

Klicken Sie *Ausleihen erlauben* und die Geschäftsbedingungen an.

Der große Moment ist da: Speichern und veröffentlichen!

Fertig. Gehen Sie Zu meinem Bücheregal.

„Veröffentlichungsvorgang läuft ...": Deutsche Bücher sind erst nach zwei bis drei Werktagen im Amazon Kindle-Shop erhältlich, neuerdings aber auch schon nach einigen Stunden. Bis zu diesem Zeitpunkt wird das Buch in Ihrem Bücherregal mit dem Status „in Bearbeitung" oder „Wird geprüft" angezeigt. Das Hochladen von Aktualisierungen kann noch mehr Zeit in Anspruch nehmen.

Spezialproblem Bilder einfügen

Das Einfügen von Bildern kann zu einem Problem werden. Ich habe bislang keine guten Erfahrungen gemacht und auch keine gute Beschreibung gefunden.

Empfohlen wird meistens, Bilder mit dem *Text in der Zeile* zu formatieren (über Word-*Seitenlayout / Bildposition*). Die Option *Mit Text in Zeile* funktioniert aber nicht, da Grafik nicht als Grafik, sondern als Textfelder eingefügt wird. Das Ergebnis kann sein, dass Bilder verrutschen oder gar nicht angezeigt werden. In den einschlägigen Foren werden verwirrende Tipps gegeben.

Microsoft hat die Grafikeinbindung auch in der 2010er-Version von Word maximal kompliziert gestaltet. Ist im Dokument die Zeilenhöhe der Standardabsätze auf zum Beispiel „genau 14 pt" festgelegt, können weder Buchstaben noch Grafiken (sofern *Mit Text in Zeile* formatiert), die höher sind, vollständig dargestellt werden.

Es wird empfohlen, für Grafiken eine eigene Formatvorlage zu verwenden, in der die Zeilenhöhe z. B. auf „Einfach", „Mindestens" oder „Mehrfach" festgelegt ist. Optimal ist, wenn diese Formatvorlage gleichzeitig einen Vor- und/oder Nachabstand festlegt. Folgt den Grafiken grundsätzlich eine Abbildungsbeschriftung, sollte auch das Absatzformat „Nicht vom nächsten Absatz trennen" einbezogen werden.

Wie aber wird eine Formatvorlage für Bilder erstellt? Das wird leider nicht erklärt, jedenfalls fand ich keinen Hinweis.

Verbesserte Version hochladen

Eine verbesserte Version Ihres Textes hochzuladen ist bei Kindle besonders einfach.

1. Schritt: Entfernen Sie zunächst die Seitenzahlen, stellen Sie die automatische Trennhilfe aus und fügen Sie ein Inhaltsverzeichnis ohne Seitenzahlen ein. Überprüfen Sie noch mal, ob vor jeder Überschrift ein Seitenumbruch liegt. Speichern Sie Ihre überarbeitete DOC-Version als „Webseite, gefiltert" ab.
1. Falls Sie bei der Gelegenheit Ihren Verkaufspreis verändern wollen: Gegen Sie zu einem Währungsrechner (Oanda.com) und errechnen Sie den Listenpreis (Verkaufspreis minus 3 Prozent) für die USA und andere Länder.
2. Schritt: Loggen Sie sich bei kdp/amazon.com mit Ihren deutschen Daten ein und klicken Sie unter Ihrem Titel die *Aktion/Buchdetails ändern*.
3. Schritt: Sie können ein neuen Buchdeckel hochladen (Punkt 4) und/oder eine eBook-Datei hochladen (Punkt 5): *Nach einem Buch durchsuchen* (die HTML-Version auf Ihrem Rechner) und *Buch hochladen*.
4. Schritt: Schauen Sie sich die Buchvorschau an. Werden auch die Bilder und Grafiken angezeigt? Drücken Sie *Speichern und fortfahren*.
5. Schritt: Auf der nächsten Seite geben Sie den US-Preis an und entfernen Sie das Häkchen bei „Deutschen Preis festlegen, automatisch basierend auf amerikanischen Preis". Geben Sie Ihren deutschen Preis ein. Probieren Sie wahlweise die 35- und die 70-Prozent-Tantieme aus.

Abschluss mit *Speichern und veröffentlichen*. Es kann bis zu zwei Tagen dauern, ehe Kindle/Amazon die Änderungen übernimmt. Bis zu diesem Zeitpunkt wird das Buch in Ihrem Bücherregal mit dem Status „wird überprüft" angezeigt.

Die Amazon-interne ASI-Nummer wird nicht verändert.

Angenommen, Sie haben eine verbesserte Version den Lesern zur Verfügung gestellt. Zwar kann jemand, der das eBook bei Amazon gekauft hat, sich dieses immer wieder herunterladen – aber er erhält immer die Version des Zeitpunktes, zu dem er sein Exemplar gekauft hat. Selbst der Neukauf einer aktualisierten Version ist nicht möglich. Beim Versuch, das Buch ein weiteres Mal zu kaufen, erscheint die Meldung „Sie haben das Buch bereits am xx.xx.xxxx gekauft…."

Löschen Sie Ihr eBook auf dem Kindle-Lesegerät und kaufen Sie die neue Version bei Kindle. Das kostet ein wenig Geld, scheint aber derzeit (Oktober 2011) die einzige Möglichkeit.

„Mir würde die Lösung mit einem automatisch aktualisierten eBook zwar besser gefallen", schreibt Matthias Czarnetzki aus Leipzig in einem Forum. „Das würde bei kontinuierlich aktualisierten Sachbüchern Sinn machen, aber leider funktioniert das nicht."

Tantiemen, Honorare und Steuern

Amazon zieht 30 Prozent Provision und (seit 1. Januar 2012) 3 Prozent luxemburgische Umsatzsteuer direkt ab (davor 15 %) und überweist an Sie den Rest als „Tantiemen". Von dem von Ihnen angesetzten Verkaufspreis werden also nicht 70, sondern voraussichtlich 55 Prozent ausgezahlt. Diese Ihre Einnahmen müssen Sie in Deutschland versteuern.

Ab dem 16. Dezember 2013 wird die Mindestzahlungsgrenze für Konten, für die elektronischer Zahlungsverkehr (EZV) als Zahlungsart ausgewählt wurde, aufgehoben. Sie erhalten Ihre Zahlungen nun sechzig Tage nach Ende des Monats, in dem Sie Ihre Tantiemen verdient haben. Für die Auszahlung gilt kein Mindestbetrag (vorher galt ein Mindestbetrag von 10 Euro.) Haben Sie angekreuzt, dass Sie einen Scheck wünschen, muss eine Summe von mindestens je 100 Euro, Dollar oder Pfund erreicht sein. Tantiemen werden jeweils getrennt für Amazon.de, Amazon.com und Amazon.co.uk usw. erfasst und überwiesen. Das hängt eben davon ab, von wo aus der Käufer kauft.

Ihre Tantiemen bzw. Honorare aus Kindle-Erlösen sind in Deutschland genau so zu behandeln wie Honorare aus ähnlicher Autoren- und Journalistentätigkeit, also von Printmedien, Radio, Fernsehen etc. Es handelt sich um Erlöse, die im Rahmen der Jahreseinkommensteuererklärung angegeben werden müssen, und zwar in dem Jahr des Zuflusses auf Ihr Konto. Die Tantiemen fließen brutto (also ohne Abzüge) in Ihre Einnahme-Überschuss-Rechnung ein. Im Einzelnen kann nur der Steuerberater guten Rat geben. Dagegen gesetzt werden Kosten, die in direkter Verbindung zur Veröffentlichung stehen, also Ausgaben für Grafiker, den Korrektor, die ISBN-Anmeldung oder für Anzeigen.

Wer hauptberuflich Angestellter ist und nur gelegentlich ein Werk veröffentlicht, also nicht davon lebt, gibt die Honorare zusätzlich zu seiner Lohnsteuererklärung ab. Die Umsatzsteuer scheint für diesen Personenkreis unerheblich. Details dazu kann nur die Lohnsteuerhilfe geben.

Wenn Amazon die 15 % Umsatzsteuer abzieht bzw. einbehält, dann zahlt man in Deutschland nicht noch einmal Umsatzsteuer, da diese innerhalb der EU bereits entrichtet wurde. Machen Sie eventuell Ihren Steuerberater darauf aufmerksam.

Wer umsatzsteuerpflichtig ist, hat nun einen EU-Binnen-Geschäftsverkehr. Solche Geschäfte sind von der Umsatzsteuer befreit, vorausgesetzt

a) man hat eine Umsatzsteuer-ID (Ust.-IdNr.), die man von seinem Finanzamt erhält, und

b) Amazon stellt eine Abrechnung auf, auf der sowohl die Ust.-IdNr. von Amazon *und* Ihre Umsatzsteuer-ID aufgeführt ist.

Ganz aufregend: Verkäufe überprüfen! Gehen Sie zu kdp.amazon.com, melden Sie sich an, gehen Sie auf *Berichte* und klicken Sie die monatlichen KDP-Zahlungsberichte an. Diese sind nur mit Microsoft Excel lesbar (Dateiendung XLS). Für den Druck nehmen Sie „Querformat" und evtl. die Druckereigenschaft *Blatt auf einer Seite darstellen*. In den Tabellen finden Sie detaillierte Angaben zu den Verkäufen und den Umfang Ihrer Tantiemen.

Wozu das MobiPocket-Format PRC?

Dem aufmerksamen Leser wird aufgefallen sein, dass beim Hochladen zu Amazon nicht die Konvertierung in das MobiPocket-Format verlangt wurde. Hat man sich vorher Amazons „Kurzleitfaden zur Buchformatierung" ange-schaut, so könnte man jetzt ins Grübeln kommen. Denn im Kurzleitfaden wird die Konvertierung der „Webseite, gefiltert" in eine MobiPocket- Datei mit der Endung PRC verlangt.

MobiPocket bleibt bis auf Weiteres ein Rätsel. Das Programm konvertiert Word-Dateien (DOC) in HTML-Dateien – das kann Word auch. Als zweiten Schritt fragt MobiPocket nach einem Titelbild und als Drittes nach dem In-haltsverzeichnis, dem Table of Contents (TOC). Mit der Konvertierung in HTML wird aber das zuvor in Word erzeugte Inhaltsverzeichnis von MobiPocket *nicht* erstellt. Die Hilfe ist auf Englisch, und solange mir nicht klar ist, was *tag name/attribute filters* auf Deutsch bedeutet, werde ich nicht weiterkommen. Im Internet-MobiPocket-Forum wird Hilfe angeboten, die nur mit ausgefeilten HTML-Programmierkenntnissen zu verstehen ist.

Ferner will MobiPocket jene Metadaten (Titel usw.), die dann noch einmal von KDP/Amazon abgefragt werden. Es ist unklar, in welcher Form das Programm die ISB-Nummer haben will, zumal eine ISBN für Kindle-eBücher sinnlos sind.

Ich habe das Hochladen zu Amazon mit HTML *und* mit PRC ausprobiert und keinen Unterschied festgestellt. Es sieht fast so aus, als ob der MobiPocket-Konvertierungszwischenschritt überflüssig ist.

Für das Hochladen zu Amazon/Kindle scheint MobiPocket nicht nötig. Wofür dann? Für die Vorschau! Der KindlePreviewer (siehe „Vorbereitende Maß-nahmen") erkennt nur Dateien im PRC-Format.

Rufen Sie den KindlePreviewer auf. Ich hoffe, Sie wissen noch, wo sich Ihre PRC-Datei befindet? Die klicken Sie an und können Ihr Werk betrachten.

Wie schon an anderer Stelle bemerkt: Amazon bietet das Konvertierungspro-gramm „KindleGen" an. Dieses Programm arbeitet auf der archaischen DOS-Ebene und macht aus HTML-Dateien solche im MOBI-Format. Man muss sich also noch erinnern, wie man vor 20 Jahren mit der „Eingabeaufforderung" gearbeitet hat (*Start / Programme / Zubehör / Eingabeaufforderung*). Wenn man KindleGen herunter geladen und entkomprimiert hat, startet das Pro-grämmchen nicht mit Doppelklick auf KindlGen.exe, sondern eben nur auf der DOS-Ebene. Das ist alles sehr umständlich und verwirrend. Es sieht so aus, dass man auf KindleGen getrost verzichten kann.

Weitere Hilfen

Damit sind wir ans Ende des Kindle-Amazon-Teils gelangt. Bei Ihrem zweiten Kindle-Buch wird alles viel schneller gehen.

Seit Juni 2012 gibt es einen neuen Leitfaden "Erstellung eines Kindle-Buches"; ein schnelles und einfaches Handbuch, das Sie durch alle nötigen Schritte führt, um eine professionelle digitale Datei für einen schnellen Upload auf KDP zu erstellen: http://tinyurl.com/o3v3c8j

Schauen Sie sich auch das Video-Tutorial zur Veröffentlichung von KDP an (6:30 min, nur englisch): http://tinyurl.com/cu95kht

Einen kurzen Leitfaden zur Qualitätssicherung für Kindle-Inhalte finden Sie unter http://tinyurl.com/plqfytf; gehen Sie dort in der obersten Zeile auf „Deutsch".

Kindle-Format-8 (KF8) ist Amazons neuestes Dokumentformat mit erweiterten Funktionen. Es bietet (seit September 2012) eine erweiterte Palette von neuen Werkzeugen, unterstützt unter anderem auch HTML5 und CSS3, und ermöglicht Ihnen, alle mögliche Buchvarianten zu formatieren. Viele der Formatierungsfunktionen welche in Textverarbeitungsprogrammen wie Microsoft Word vorhanden sind, werden nun auch in Ihrem eBook umsetzbar sein, wie zum Beispiel Tabellen, hervorgehobener Text, farbiger Text, bildumfließender Text, Listen mit Aufzählungspunkten und vieles mehr. Weitere Informationen unter http://tinyurl.com/p6umbfn .

Ende Oktober 2012 erweiterte Amazon sein Angebot für Selbstverleger um das Feature „Über den Autor". Dies bietet Lesern einfachen Zugriff auf Ihr Foto, Ihre Biografie und Bibliografie und so die Möglichkeit, mehr über Sie und Ihre Bücher zu erfahren. Leser könnten innerhalb von nur 60 Sekunden zu lesen beginnen. Ein Tipp auf eines Ihrer Bücher genügt und der Titel wird im Kindle-Shop aufgerufen. Und wenn Sie in „Author Central" ein neues Buch hinzufügen oder Ihre Biografie aktualisieren, übernimmt KDP die Änderungen auch für „Über den Autor" auf den Kindle, so dass Ihre Leser immer die aktuellsten Informationen über Sie finden können. „Über den Autor" ist also auf den neuen Kindle-Geräten verfügbar.

Geben Sie alle Ihre Bücher bei „Author Central" an. Gehen Sie dazu auf den Reiter „Bücher" und prüfen Sie, ob Ihre Titel dort vollständig aufgeführt sind. Damit stellen Sie sicher, dass Ihr Profil „Über den Autor" auch von jedem Ihrer Bücher aus aufrufbar ist.

Überlegen Sie, ob Sie mit Ihrer aktuellen Author-Central-Profilseite zufrieden sind. Alle „Über den Autor" Seiten verwenden das Foto, welches Sie in Author Central als Hauptbild definiert haben.

Aktualisieren Sie Ihre Biografie, die Sie in Author Central hinterlegt haben. Leser besuchen Ihr Profil, um dort mehr über Sie und Ihre Bücher zu erfahren.

Die Kindle-Leihbücherei (Kindle Owners' Lending Library) gibt es auch in Deutschland, Großbritannien und Frankreich. Melden Sie Ihr Buch an und erhöhen Sie die Entdeckbarkeit und das Verdienstpotenzial Ihres Buchs. Rufen Sie Ihr Bücherregal auf und wählen Sie die Bücher aus, die Sie anmelden möchten. Mehr Information zur Kindle-Leihbücherei erhalten Sie unter http://tinyurl.com/9vmhd9g.

Um mehr über „**KDP Select**" zu erfahren, gehen Sie zu http://tinyurl.com/cl48e2j (nur englisch). Der Unterschied von Kindle Select und Kindle Owner`s Lending Library ist mir nicht klar.

Über Amazon Kindle können Sie sogar gedruckte Bücher herstellen und vermarkten. Veröffentlichen Sie Ihr Buch als Druckversion mit CreateSpace. CreateSpace bietet als Unternehmen der Amazon Gruppe Tools und Dienstleistungen, um Ihr Buch als Druckversion bereitzustellen und Millionen von Kunden auf Amazon und anderen Verkaufskanälen anzubieten. Für weitere Informationen siehe Kapitel „CreateSpace".

Seit August 2014 können Sie neue Bücher vorankündigen. Mit nur wenigen schnellen und einfachen Schritten können Sie bis zu 90 Tage vor dem Veröffentlichungsdatum Ihres Buchs eine Vorbestellungsseite erstellen. Am Veröffentlichungsdatum liefert Amazon-Kindle das Buch dann an Ihre Kunden aus. Ein Vorteil der Vorbestellungsfunktion ist, dass Sie die Seite für die Vorbestellung Ihres Kindle-Buches bereits vor dem Veröffentlichungsdatum auf Author Central, Goodreads, Ihrer eigenen Website und an anderer Stelle bewerben können, um das Interesse an Ihrem Buch zu steigern. Die Anmeldung für Vorschauen erfolgt über kdp.amazon.com.

Ab September 2014 können Sie den „Kindle Kids' Book Creator" verwenden, um bebilderte Kinderbücher für Kindle zu erstellen. Sie können individuelle Illustrationen in interaktive Bücher für Kindle-Geräte und kostenlose Lese-Apps konvertieren. Erste Schritte:

1. Gehen Sie zu https://kdp.amazon.com – Kinderbücher und laden Sie das Unterprogramm (tool) für Windows oder Mac herunter.
2. Wenn Ihr Buch fertig ist, exportieren Sie die Datei und laden sie in KDP hoch.
3. Legen Sie die Buchkategorie, den Altersbereich und den Jahrgangsstufenbereich fest, damit Kunden die richtigen Bücher für ihre Kinder leichter finden.

Weitere Informationen finden Sie im KDP-Unterbereich https://kdp.amazon.com/kids.

*   *   *

Meine beiden ersten Kindle-Veröffentlichungen waren der pure Flop. In den sechs Wochen zwischen Anfang August und Mitte September 2011 wurde mein *Fukushima*-Text sagenhafte fünf Mal abgerufen. Im April: 0 Verkäufe, im Mai: 0 Verkäufe, im Juni: 1 Verkauf, im Juli: 2 Verkäufe und im August: 3 Verkäufe. Ein zeitgleich veröffentlichter Text über den unsinnigen Streit um den Zahnfüllstoff Amalgam erregte nicht das geringste Interesse.

Wie schon angedeutet, wird von Experten ePub als das eBook-Format als Zukunft angesehen. ePub könnte für Sie als Autor interessant werden, wenn Sie Texte und Bücher auch auf anderen Plattformen verkaufen wollen.

Ich suchte nach weiteren Möglichkeiten, denn Kindle ist nur eine wenn auch wichtige Chance fürs Self-Publishing. Apple iBookstore, Pubbles.de, Thalia.de, Weltbild.de, Libri.de – die Vielfalt weiterer Plattformen, auf denen E-Books verkauft werden, ist groß und wird immer größer. Keine leichte Aufgabe für Autoren und Verlage, alle zu bedienen, denn: Viele Shops haben ihre eigenen Systeme und stellen spezielle Anforderungen an Dateiformate und Preisgestaltung. Möchte man sein Buch auch international vertreiben, wird es richtig kompliziert: Unterschiedliche Währungen, spezielle rechtliche Vorschriften und verschiedene Mehrwertsteuersätze beispielsweise machen den internationalen Vertrieb von E-Books zu einer Wissenschaft für sich. Je größer die Vielfalt der Anbieter, bei denen Ihr E-Book verfügbar ist, desto größer auch die Anzahl der Leser, die Sie erreichen. Lohnt sich der Aufwand?

Das ePub-Format

ePub bei Epubli

Die renommierte Verlagsgruppe Holtzbrinck stellt „Epubli" zur Verfügung: http://www.epubli.de/. Epubli bietet mehrere Buchvermarktungsformen in einer Hand:

- eBook Plus: Ein eBuch im **ePub-Format** *ohne ISB*-Nummer einstellen und von Epubli vermarkten lassen – diese Angebot heißt bei Epubli „eBook Plus" und kostet 19,95 Euro jährliche Grundgebühr. Der Vorteil: es erfolgt die Veröffentlichung im Epubli eBook-Shop, bei Amazon Kindle (!) und im Apple iBookstore. Das Autorenhonorar beträgt 60% vom Nettoverkaufspreis und 80% im Epubli-eBook-Shop. Für die Veröffentlichung eines „eBook Plus" müssen Sie Ihre Datei zunächst ins ePub-Format umwandeln (siehe Kapitel „Software Calibre").
- eBook im **ePub-Format** *mit Epubli-eigener ISB-Nummer*. Epubli kümmert sich für weitere 19,95 Euro um den Eintrag ins Verzeichnis Lieferbarer Bücher.
- eBook im **ePub-Format** *mit eigener ISB-Nummer*. Eigene ISB-Nummern kaufen kostet Geld. Um den Eintrag ins Verzeichnis Lieferbarer Bücher müssen Sie sich selbst kümmern, was Sie aber frei macht von Epubli.
- ein **konventionelles Buch** einstellen und von Epubli drucken und vermarkten lassen *ohne* ISBN. Die Verbreitungsmöglichkeit ist natürlich gering. Die Texte können zu Epubli hochgeladen und dort als Druck bestellt werden.
- ein **konventionelles Buch** *mit Epubli-ISBN* einstellen und von Epubli drucken und vermarkten lassen. Mit ISBN wird Ihr Buch zusätzlich zum E-publi-Buch-Shop beim Verzeichnis Lieferbarer Bücher (VLB) gelistet und kann dann von allen Buchhändlern bestellt werden. Außerdem wird es bei Amazon verfügbar gemacht. Zusätzlich werden alle Titel auf der deutschsprachigen Literatur-Community www.lovelybooks.de und auf der Online-Plattform des Börsenblatts www.neuebuecher.de vorgestellt. Beim Hochladen zu Epubli fragt das Programm Sie nach der ISB-Nummer.

Gemeint ist die *bei Epubli gekaufte* ISBN, nicht die Ihres Verlages. Die Texte werden als PDF-Datei und das Cover als JPG-Datei hochgeladen.

- ein **konventionelles Buch** *mit eigener ISB-Nummer* einstellen und von Epubli drucken lassen (siehe „Einen eigenen Verlag gründen" und folgende Kapitel). Sie kaufen die Bücher bei Epubli, lagern sie bei sich und verkaufen selbst und/oder geben Epubli als Vertriebsorganisation an. Epubli bietet die Möglichkeit, Ihr Buch durch Vorproduktion zu einem Lagertitel und damit rasch verfügbar zu machen. Beim Hochladen zu Epubli fragt das Programm Sie nach der ISB-Nummer. Gemeint ist immer die bei E-publi gekaufte ISBN, *nicht* die Ihres Verlages. Sie müssen also „kein ISBN" ankreuzen. Die Texte werden als PDF-Datei und das Cover als JPG-Datei hochgeladen.

- eBook Standard: Sehr einfach kann eine **PDF-Version** bei Epubli abgelegt und von dort verkauft werden. Für die kostenfreie Veröffentlichung eines eBooks müssen Sie Ihr Werk *zunächst als Buch* veröffentlichen. Das Angebot nennt sich „eBook Standard". Dieses Angebot ist kostenlos und bedarf keiner ISB-Nummer.

Wenn Sie bei Epubli ein Buch oder eBook veröffentlichen möchten, müssen Sie einen Autorenvertrag abschließen. Diese sind die üblichen, für Autoren ungünstigen Verträge. Unter anderem müssen Sie folgenden Passagen zustimmen:

„Für die Laufzeit des Vertrags überträgt der Autor Epubli räumlich und inhaltlich unbeschränkt das ausschließliche Recht zur Vervielfältigung, Verbreitung und Vermarktung des Werks für alle Druck- und/oder körperlichen Ausgaben ohne Stückzahlbegrenzung über alle Vertriebswege von Epubli; insbesondere:

- das Recht zur Vervielfältigung, Verbreitung und Vermarktung des Werks als Druckwerk in der erstellten Buchausgabe;

- das Recht zur Be- und Verarbeitung zu einer elektronischen Druckvorlage sowie zur Konvertierung des Werks für eine elektronische Ausführung sowie das Recht zur Bearbeitung, soweit diese für die Anpassung an zukünftige Lese- und Druckformate und schon vorhandene oder zukünftige Lesesysteme erforderlich ist, unter Einschluss des Datenbank- und Archivierungsrechts;

- das Recht zur Nutzung des Werks in digitaler Form, also das Recht zur elektronischen Vervielfältigung und Verbreitung des Werks, insbesondere zur Nutzung der für den Vertrieb des Werks im eBook- oder Print-on-Demand-Verfahren erforderlichen Rechte.

2.2 Epubli kann die ihm nach diesem Vertrag eingeräumten Rechte ganz oder teilweise auf Dritte übertragen, ohne dass es hierzu der Zustimmung des Autors bedarf (z.B. Kooperationspartner von Epubli, Weiterverbreitung durch Buchhändler). ...

3.4 Der Autor wird sich während der Laufzeit des Vertrags jeder anderweitigen Verwertung des Werks selbst oder durch Dritte enthalten. ..." usw.

Man kann verstehen, dass sich Autoren per Self-Publishing gern von derartigen Knebelverträgen verabschieden möchten, landen aber bei Epubli in derselben Falle.

Epubli liefert Papierbücher direkt an den Kunden innerhalb von 8 bis 10 Werktagen. Es gibt keine Mindestauflage. Beispielsweise 50 Exemplare zu je 72 Seiten kosteten Ende 2012: 260,55 Euro plus 4,95 € Versand. Das macht 5,30 Euro pro Stück. Epubli gibt den Verkaufspreis (in meinem Beispiel Euro 7,24) und das Autorenhonorar (Euro 0,95) vor. Der Mindestverkaufspreis kann durch eine höhere Erstauflage gesenkt werden (und das Autorenhonorar durch einen höheren Verkaufspreis erhöht).

Epubli sammelt Ihre Honorare von mindestens 25 Euro, bevor eine Überweisung stattfindet. Nur zum Jahresende werden aufgelaufene Honorare von weniger als 25 Euro ausgezahlt und Ihr Epubli-Konto auf null gestellt. Wenn Sie eigene Bücher bei Epubli kaufen, zahlen Sie den reinen Druckpreis plus Versand.

Jedenfalls kümmert sich Epubli auch – wenn gewünscht – gegen Bezahlung von 19,95 Euro um den Verkauf im gesamten Buchhandel und bei Amazon, das ist sehr erleichternd. Die Bücher werden erst bei Bestellung gedruckt und geliefert. Deshalb dauert ein Versand mehrere Tage und geht nicht so rasant wie bei Amazon. Um Bücher jederzeit lieferbar zu halten und die Produktionskosten zu verringern, empfiehlt Epubli, einige Exemplare vorzuproduzieren und dort einzulagern (ab einer Bestellmenge von 25 Exemplaren möglich, aber nur mit epubli-eigener ISBN!). Bestellt ein Interessent ein einzelnes Buch, muss er zusätzlich 2,95 Euro Versand bezahlen.

Im Folgenden werde ich auf alle Möglichkeiten detailliert eingehen. Zunächst soll es um eBooks gehen, die bei Epubli als ePub-Datei abgelegt werden.

ePub Schritt 1: Software „Calibre"

Einiges wiederholt sich aus den Kindle-Kapiteln: Sie brauchen einen gut redigierten Text. Säubern Sie Ihr Dokument von Zeilenumbrüchen und Leerzeichen. Stellen Sie die Absatzformatierung für Überschriften auf Format / Absatz / Zeilen- und Seitenumbruch / Seitenumbruch oberhalb. Legen Sie ein Inhaltsverzeichnis an: Verweise / Inhaltsverzeichnis.

Um ein Epubli-eBook-Plus veröffentlichen zu können, müssen Sie Ihr Dokument ins ePub-Format umwandeln. Wichtig: Achten Sie darauf, dass im Dateinamen keine Umlaute oder Sonderzeichen enthalten sind, da diese sonst nicht von den Programmen gelesen werden können. Auch Leerzeichen im Dateinamen können zu Problemen führen.

Man könnte sich das ganze folgende Kapitel schenken, wenn man seine Datei von Epubli in ePub umwandeln lässt. Das kostet einmalig 74,95 Euro inklusive epubli-eigene ISB-Nummer (Oktober 2014). Wer sich eine Menge Arbeit und Ärger ersparen möchte, greift zu dieser Option und lädt seine Word- oder OpenOffice-Datei (mitsamt Cover) zu Epubli hoch. Wer jedoch Self-Publishing-Purist bleiben möchte, quält sich durch das jetzt folgende ePub-Kapitel.

Für die Konvertierung in ePub empfiehl Epubli die frei zugängliche Software „Calibre". Für Mac OSX wird „Apple Pages" empfohlen. Es wird behauptet, dass Sie mit beiden Programmen praktisch jedes Dateiformat in ein ePub konvertieren können. Ich habe Calibre mit einer DOC-Datei gefüttert – es ging nicht (HTML funktionierte dann, dazu später mehr).

Calibre ist auch in einer deutschen Version erhältlich. Dieses Konvertierungsprogramm beherrscht verschiedene Formate, neben Kindle auch das ePub-Format. ePub ist ein flexibler Standard für eBücher. Calibre kann aber auch die Formatierung ins Kindle-Format MOBI.

Gehen Sie zu http://calibre-ebook.com/download und laden das Programm auf Ihren Computer. (Vielleicht könnten Sie ein paar Euros für die Jungs von Calibre spenden. Ich bin dankbar dafür, dass es Leute gibt, die hilfreiche Software kostenlos zur Verfügung stellen.) Suchen Sie sich einen Ordner auf Ihrem Computer aus, wo Sie die Calibre-ePub-Dateien später wiederfinden.

Calibre hat einige Eigenschaften, die andere Konvertierungsprogramme nicht haben. Besonders die Einbettung von Bildern – einschließlich des Titelbildes – wird erleichtert. Seltsamer Weise setzt Calibre das Inhaltsverzeichnis an das

Ende des Textes. Das Inhaltsverzeichnis sollte aber unbedingt am Anfang stehen, schon allein weil wir das so gewohnt sind. Also erstellen Sie am besten Ihr eigenes Inhaltsverzeichnis.

Es gibt noch einen zweiten Grund, das Inhaltsverzeichnis an den Anfang zu stellen: Amazon bietet für jedes Kindle-Buch eine „Leseprobe" an. Schauen Sie unter Amazon.de mal bei einem beliebigen Kindle-Buch auf die rechte Spalte. Dort steht die *kostenlose Leseprobe* zum Herunterladen aufs Kindle-Lesegerät oder Ihr „Kindle für PC" bereit. Das geht ruckzuck. Die Leseprobe umfasst die ersten vier oder fünf Seiten, also auch das Inhaltsverzeichnis. Der potenzielle Käufer kann sich so besser über Ihr Buch informieren. Es gilt also, in *Word* ein eigenes Inhaltsverzeichnis herzustellen (*Verweise / Inhaltsverzeichnis / Inhaltsverzeichnis einfügen / „Seitenzahlen anzeigen" deaktivieren!*). Calibre soll angeblich dann ein zweites am Ende Ihres Buches erstellen. Das kann ich nicht bestätigen.

Die Konvertierung ist oftmals kompliziert, die Zeitaufwendung dafür sollte nicht unterschätzt werden, zumal dann, wenn es sich um das erste Buch und die erste Konvertierung handelt. In einigen Ratgebern wird die Calibre-Konvertierung meines Erachtens nicht gut und flüssig erklärt.

ePub Schritt 2: Epubli-ISBN bestellen

Öffnen Sie epubli, gehen Sie auf Buch veröffentlichen und eBook veröffentlichen.

Sie haben wie schon oben erwähnt zwei Möglichkeiten:

1. Die Veröffentlichung im ePub-Format mit *Epubli-ISBN*. Nennt sich „epubli eBook Plus (ePUB)", kosten einmalig 14,95 Euro.

2. Die Veröffentlichung im ePub-Format mit *eigener* ISBN (sofern Sie eine oder mehrere ISB-Nummer von der Agentur für Buchmarktstandards gekauft haben; siehe Kapitel „ISB-Nummern beantragen" weiter unten).

Zur **1**. Variante: Die Epubli-ISBN müssen Sie ganz am Anfang bestellen. Warten Sie die Rechnungsemail (Euro 14,95) mit der Ihnen zugewiesenen ISBN ab und fügen Sie die ISB-Nummer in das vorgegebene Impressum ein. Das geht so:

Gehen Sie auf http://www.Epubli.de/publish und drücken *eBook veröffentlichen*. Sie werden darauf hingewiesen, dass Sie eine ISBN kaufen müssen, bevor Sie eine Datei im ePUB-Format hochladen und veröffentlichen können. Epubli verspricht, Ihr Buch bei Epubli *und* bei Amazon/Kindle *und* im Apple iBookstore einzustellen, *was ja wohl bedeutet, dass der ganze private Aufwand um Kindle überflüssig ist.* Wenn das Buch nur im Epubli-Buchladen gelistet werden soll, bedarf es keiner ISBN und die Sache ist kostenlos.

Klicken Sie in Epubli auf *ePub hochladen*. Sie werden aufgefordert, ein Konto anzulegen. Lesen Sie auf der dann folgenden Seite das *Beachten Sie*.

Kaufen Sie zunächst eine Epubli-ISB-Nummer. Drücken Sie auf *ISBN zu bestellen*. Schauen Sie sich auf der nächsten Seite das gewünschte Impressum für Ihr eBook an, kopieren Sie die Zeilen gegebenenfalls und speichern Sie die Informationen.

Bestellen Sie jetzt die ISBN, gehen Sie zur Kasse, überprüfen Sie noch mal alles und drücken auf *Bezahlen*. Sie haben drei Möglichkeiten zum Bezahlen. Wenn Sie Ihre Kontonummer (für die hoffentlich reichlich fließenden Tantiemen) angegeben haben, klicken Sie auf *verwenden*. Die Bestellung ist getätigt, die eMail unterwegs.

Zur **2**. Variante: Sie haben einen eigenen Verlag (siehe „Einen eigenen Verlag gründen"), eine *eigene* ISB-Nummer, stellen Ihr eBuch nur bei Epubli ein (bei Kindle lohnt sich eine eigene ISBN nicht) und tragen Ihre ISBN selbst ins Verzeichnis Lieferbarer Bücher ein. Dazu später mehr.

ePub Schritt 3: Impressum und Buchcover erstellen

Schauen Sie in Ihr Email-Konto und notieren Sie die zugewiesene ISB-Nummer. Erstellen Sie nun Ihr Impressum. Epubli schlägt folgende Variante vor:

Impressum

Titel des Buches in Originalsprache

Name des Autors

Copyright 2011 Name des Autors

published at Epubli GmbH, Berlin

www.epubli.de

ISBN 978-3-****-***-*

Ich bevorzuge eine etwas andere Variante. Schauen Sie sich mein Impressum vorne im Buch an.

Dieses oder so ähnlich bauen Sie jetzt in Ihren Text gleich ganz vorne ein.

Das Erstellen eines Buchtitels erfolgt wie im Kindle-Schritt 4 erläutert.

Wenn Sie vorher bei Epubli ein Print-Buch veröffentlich haben (dazu später mehr), müssen Sie eventuell das Titelbild für die ePub-Fassung neu erstellen, denn Sie brauchen nicht den gesamten Umschlag, sondern nur das Titelbild. Umschlagbild erstellen und als JPG, PNG oder GIF speichern (mittels GIMP, siehe Kapitel „Kindle Schritt 4").

ePub Schritt 4: Calibre benutzen

Noch können Sie nicht zu Epubli hochladen, da zuerst die ePub-Variante erstellt werden muss. Das geht so:

Bereiten Sie Ihren Text (falls nicht schon geschehen) für ePub vor: Löschen Sie die Seitenzahlen (Paginierung) und erstellen Sie hinter dem Impressum das Inhaltsverzeichnis (Table of Content – TOC) *ohne* Seitenzahlen. Speichern Sie das ganz ab unter einem aussagekräftigen Namen, ebenso das Cover, etwa „amalgam_epub_epubli.jpg".

Installieren und öffnen Sie Calibre, laden Sie ihre Datei in Calibre, indem Sie auf *Bücher hinzufügen* klicken.

Klicken Sie auf die laufende Nummer und dann auf *Konvertiere Bücher*. Ich habe eine DOC-Datei parat, aber Calibre meldet: Konvertierung nicht möglich, weil falsches Format. Welches Format will Calibre? Eigentlich alle, von TXT bis HTML. Dennoch erfolgt die Fehlermeldung. Ich konvertiere von WORD aus die DOC-Datei in eine *HTML, Webseite gefiltert* und lade sie in Calibre. Das klappt.

Klicken Sie also auf die laufende Nummer des zu konvertierenden Buches und klicken Sie dann auf *Konvertiere Bücher*. Es erscheint ein Untermenü. Links oben erscheint das Eingabeformat ZIP (nicht HTML). *Rechts oben können Sie das Ausgabe-Format einstellen. Calibre kann eine ganze Menge, wir wollen aber „ePub" wählen. Sodann binden Sie das vorbereitete JPG-Cover in Calibre ein: *Umschlagbild ändern* und rechts auf das blaue Icon klicken.

Füllen Sie die Zeilen rechts oben aus. Die Schlagwörter entnehmen Sie den Nebendateien/Nebenangaben, die Sie vielleicht schon angelegt haben. In das freie quadratische Feld geben Sie ihre knackige Hauptbeschreibung ein.

Das Programm möchte in den weiteren Schritten eine Menge Angaben haben, die größtenteils nicht zu verstehen sind. Hier kommt wieder einmal das Gefühl der Verzweiflung hoch. ePub scheint nur etwas für Spezialisten zu sein. Es gibt ein Calibre-Handbuch, aber das ist auf Englisch (selbst im Oktober 2014 immer noch). Geben Sie gerade so viele Informationen ein, wie Sie verantworten können, und überlassen Sie sich Ihrem Schicksal bzw. Calibre. Auf *OK* drücken. Rechts unten im Fenster läuft ein kleines Rad. Wenn das stillsteht, ist die Konvertierung abgeschlossen.

Kontrollieren Sie jetzt das Ergebnis anhand der „Vorschau", gleich rechts neben „Konvertiere Bücher". Das Calibre-eigene Lesegerät zeigt vermutlich befriedigende Ergebnisse. Falls Sie dennoch Änderungen vornehmen wollen, müssen Sie wieder zurück zur DOC-Version, dann in HTML konvertieren und von Calibre ins ePub-Format verwandeln lassen. Schauen Sie nochmals in die Vorschau.

Noch einige Hinweise zu Calibre: Wenn Sie etwas am Ursprungstext geändert haben, muss die Prozedur über Calibri erneut durchlaufen werden. Das heißt jedoch, dass nicht nur die HTML-Datei erneut geladen wird, sondern alle weiteren erforderlichen Angaben (Metadateien) müssen erneut eingegeben werden. Es ist offenbar nicht möglich, die Metadaten stehen zu lassen und nur den korrigierten Kerntext auszutauschen.

Wenn die Vorschau fehlerfrei ist, speichern Sie die erstellte Datei *nicht* „Auf Festplatte speichern" ab. Auf Ihrem schon vorher ausgewählten Calibre-Ordner befindet sich bereits die relevante ePUB-Datei. „Auf Festplatte speichern" ist nur eine weitere Speichermöglichkeit, die Sie hier ignorieren können.

„Metadaten herunterladen" kann sinnvoll sein, wenn bei Amazon oder Google ihr Buch bereits in *gedruckter* Form erschienen ist. Dann können Sie das Titelbild und die erläuternden Angaben direkt übernehmen. Das ist praktisch.

„Umschlagbild erstellen" bei Calibre heißt, dass Calibre Ihnen einen Vorschlag macht, der nicht ansprechend ist. Nehmen Sie ihr eigenes Bild.

ePub Schritt 5: Ergebnis überprüfen und korrigieren

Epubli empfiehlt vor dem Hochladen die Überprüfung des Ergebnisses anhand von Threepress. Das Programm muss für einzelne Überprüfungen nicht auf Ihren Computer heruntergeladen werden. Wählen Sie von der Threepress-Internetseite aus Ihre ePub-Datei zur Überprüfung. Wenn Sie Glück haben, kommt ein OK.

Hinweis: Wissen Sie noch, wo Ihre EPUB-Datei abgelegt ist? Calibri legt diese in einem Ordner ab, der Ihren (Autoren-) Namen trägt.

Bei mir jedoch zeigte Threepress Dutzende Fehler an und hielt meine ePub-Datei für nicht veröffentlichungsfähig. Der Epubli-Server lehnt solche Dateien ab.

Schon bei einem einzigen Fehler erscheint das dick durchgestrichene „ePUB"-Emblem. Threepress ist aber kein Instrument, Sie bei der Fehlerberichtigung zu unterstützen. Ein Probe-Upload zu Epubli blieb erfolglos; es erscheint eine Fehlermeldung: *ePub-Datei zurückgewiesen*. Die Epubli-Konvertierungshinweise sind nicht ausreichend, um ein akzeptables Ergebnis zu bekommen.

Die Lösung dieses Problems kostete mich mehrere Stunden Freizeit.

Zunächst wurde mir bei einem Anruf bei der Epubli-Hotline das Programm „Sigil" (http://code.google.com/p/sigil/) empfohlen. Es editiert ePub-Dateien. Sigil ist ein kostenloser WYSIWYG-Editor, der mit Windows, Linux und Mac läuft. Leider ist alles auf Englisch. Versuchen wir, uns da durchzufummeln.

Gehen Sie bei Sigil auf Downloads und wählen Sie die passende Version. Klicken Sie auf die Setup-Datei zum Downloaden (Windows-Version 0.4.2 im September 2011), öffnen Sie und führen Sie die Installation aus. (Das Angebot zum Treiberscannen lassen wir jetzt mal aus: „Nicht installieren".) Auf dem Desktop sollte jetzt das Sigil-Symbol sein. Öffnen Sie das Programm.

Doch bevor Sie Sigil verwenden, müssen Sie noch mal die Fehlerseite von Threepress aufrufen und im Internet-Browser stehen lassen, so dass Sie leicht darauf zugreifen können. Sie werden zwischen beiden Programmen hin- und herwechseln müssen

Achtung: Bitte lesen Sie dieses Kapitel bis zum Ende durch, bevor Sie zu arbeiten anfangen.

Gehen Sie bei Sigil auf *File / Open* und rufen Sie Ihre ePub-Datei auf. Es erscheint zunächst nur Ihr Titelblatt, aber die einzelnen Kapitel sehen Sie rechts im „Table of Contents" und links im „Book Browser" als „split"-Unterdatei.

Wechseln Sie zu Threepress. Eine Threepress-Fehlermeldung könnte z.B. lauten:

„Mackenthun.epub/fukushima_eBook_Epubli_meine_ISBN_split_000.htm(30): attribute „link" not allowed here; expected attribute „class", „dir", „id", „style", „title" or „xml:lang"".

Doppelklicken Sie auf Ihre ..._split_000-HTM-Unterdatei. Es müsste jetzt der gewünschte Text im Sigil-Mittelfenster erscheinen.

Drücken Sie *F11* und es erscheint die Hintergrund-Codierung. (Mit *F9* kommen Sie zurück zur Buchansicht.) Achten Sie darauf, dass in der oberen Sigil-Befehlszeile das Einbahnstraßen-Logo und der Besen links davon aktiviert sind.

Threepress gibt mir verschiedene Möglichkeiten der Veränderung vor: „class", „dir", „id", „style", „title" oder „xml:lang". Welche nehmen? Threepress moniert auch eine „vlink"-Angabe, aber „vlink" gibt es auf der Seite gar nicht.

Ich korrigierte auf gut Glück in den ersten beiden Split-Dateien das monierte Attribut „link" mit „class", speicherte und ließ erneut Threepress drüber laufen. Plötzlich gab es nur noch eine Handvoll (statt über 150) Fehlermeldungen! Ein Wunder ist geschehen!

Nun möchte Threepress in der ...split_001.htm-Unterdatei statt „clear" („not allowed here") lieber „id", „style" or „title". Ich probiere es mit „id". Es kommt eine Sigil-Fehlermeldung. Sie bietet die manuelle oder die automatische Korrektur an. Ich wähle die automatisch, trotz der Warnung, dass Daten verlorengehen könnten. Ich drücke *F9* und schaue mir das Kapital an, aber alles ist lesbar und offenbar im grünen Bereich.

In einer weiteren Fehlermeldung geht es um „border", also (Seiten-)Rand, und ich wähle „height". Da sich die Fehlermeldungen wiederholen, bekomme ich rasch ein Gefühl dafür, was Threepress wünscht.

Im Titelblatt wird preserveAspectRatio=„none" moniert, genauer gesagt das „none". Ich ersetze „none" durch die vorgeschlagene Zeichenfolge. Es kommt eine Fehlermeldung, die ich Sigil bitte, automatisch zu lösen. Das scheint übrigens zu bedeuten, dass Threepress fehlerhafte Fehlermeldungen ausgibt.

Abspeichern (ohne Sigil zu verlassen), erneuter Aufruf von Threepress und – voilá – nur noch *ein* Fehler wird angegeben. Es ist nun gerade der zuletzt erwähnte. Threepress und Sigli liegen sich in der Interpretation eines Fehlers in den Haaren! Diesmal lösche ich die gesamte Zeilenfolge *preserveAspectRatio=„none"*. Dadurch verändert sich die automatische Seitenbreite-Anpassung des Titelbildes. Sei's drum, ich lasse es so.

Threepress ist beim erneuten Durchlauf zufrieden! Sie müssen also nicht alle 150 Fehler einzeln korrigieren. Es reicht offenbar, die ersten drei oder vier zu korrlgleren.

ePub Schritt 6: Bei Epubli einstellen

Wenn das geschehen ist, müssen Sie bei Epubli nochmal von vorn anfangen:

Startseite www.Epubli.de: *Buch veröffentlichen / eBook veröffentlichen / ePub hochladen / einloggen / ePUB hochladen / speichern / veröffentlichen*. Noch ist der Status „privat / unveröffentlicht", also erneut veröffentlichen drücken!

Unter „Meine eBook-Projekte" sieht es möglicherweise so aus, als ob Ihr Buch bereits auf Epubli abgelegt ist. Schauen Sie bitte genau hin: Was steht unter „Dateiformat"? Sie sehen dort eventuell die PDF-Ausgabe. Hier aber geht es um die EPUB-Version.

Für Ihre neue eBook-Veröffentlichung können Sie Ihr Autorenprofil sowie die Angaben zum Buch aus einer Ihrer anderen Epubli-Veröffentlichungen übernehmen, sodass Sie diese nicht noch einmal eingeben müssen. Wählen Sie dazu eine der Publikationen unter „Vorlage wählen" aus. Das ist einer der Vorteile, Bücher und eBooks zugleich herauszugeben.

Epubli fragt nach einer ISBN, aber das ist wie gesagt die von Epubli gekaufte ISB-Nummer. Wenn Sie unter eigener ISBN veröffentlichen (siehe Kapitel „Einen eigenen Verlag gründen") geben Sie hier „keine ISBN" ein. Danach geben Sie den Verkaufspreis ein. Rechts erscheint Ihr Autorenhonorar (falls Sie überhaupt etwas verkaufen). Überprüfen Sie Adresse, Kontonummer und die Metadaten, die Sie hier nochmals bearbeiten können.

Dann müssen Sie den Autorenvertrag unterschreiben. Sie als Autor müssen – selbst mit einer eigenen Verlags-ISBN – Epubli weitgehende Nutzungsrechte einräumen. Ein solcher Übergriff von Epubli gegenüber Autoren und Selbst-

Verlegern scheint mir nicht gerechtfertigt. Zunächst aber müssen Sie die Bedingungen akzeptieren. Hier scheint mir ein offenes juristisches Problem vorzulegen.

Ihr eBook ist ab sofort im Epubli eBook-Shop erhältlich.

Achtung: Veröffentlichen Sie bei Epubli zuerst zur Probe! Sie können schon mal eine ISBN bei Epubli kaufen, das Buch aber erst mal ohne ISBN hochladen. Ihr erster Versuch wird sicherlich nicht zu Ihrer vollen Zufriedenheit ausfallen. Stellen Sie Ihr Buch also bei Epubli ein – und kaufen Sie ihr eigenes Buch oder eBuch. Die Produkte stehen ab sofort in Ihrem Benutzerkonto zum Download bereit. Anhand des realen Buches oder eBuches werden Sie noch Verbesserungsmöglichkeiten und –notwen-digkeiten sehen. Überarbeiten Sie ihr Werk, kaufen Sie erst jetzt eine ISB-Nummer bzw. geben sie erst im zweiten Anlauf das Werk mit Epubli-ISBN neu ein. Das alte Werk löschen Sie einfach vorher. Ihr Epubli-Account gibt Ihnen dazu Gelegenheit. Die Löschung eines Werkes *mit Epubli-ISBN* bedeutet den Verlust dieser ISB-Nummer und von 14,95 Euro!

ePub: Eine überarbeitete Version hochladen

Wenn Sie Ihr Buch überarbeitet und verbessert haben und diese neue Version veröffentlichen wollen, nehmen Sie sich eineinhalb Stunden Zeit.

- Konvertieren Sie die DOC-Datei in eine HTML-Datei (HTML, Webseite gefiltert). Sind die Daten auf dem Titelbild noch korrekt?
- Rufen Sie Calibre auf und lassen Sie die HTML-Datei konvertieren. Schauen Sie sich die Vorschau an.
- Starten Sie Threepress und schauen Sie, ob Fehler gemeldet werden (bei mir waren es 180!).
- Lassen Sie die Threepress-Fehlermeldungen im Browser stehen, starten Sie parallel Sigil und korrigieren Sie etwaige Fehlermeldungen. Beginnen Sie mit der „...split_000.htm"-Datei und wechseln Sie mit F11 und F9 zwischen den Ansichten.
- Epubli aufrufen; Buch veröffentlichen / eBook veröffentlichen / ePub hochladen / ePub hochladen. Suchen Sie die entsprechende ePub-Datei auf Ihrem Rechner. Speichern / Veröffentlichen.
- Wählen Sie eine schon vorhandene Vorlage; wählen Sie *Keine ISBN* bei keiner oder eigener ISBN; setzen Sie einen eventuell neuen Verkaufspreis fest.

- Löschen Sie die alte Version unter Veröffentlichungen/Meine Veröffentlichungen.

Wenn Sie nur den Nebendateien und weiteren Angaben ändern wollen: Gehen Sie zu der zu korrigierenden Veröffentlichung; *veröffentlichen; Vorlage wählen*; evtl. Verkaufspreis erhöhen; evtl. Buchdetails bearbeiten (das Cover kann blöderweise nicht bearbeitet werden) und fertig.

„Enhanced eBooks"

Die technischen Möglichkeiten werden sich demnächst noch vervielfältigen. Einen Geschmack darauf bietet Epedio vom Verlag Kiepenheuer und Witsch. Der Epedio-Prototyp *Rangas Welt* wurde auf der Frankfurter Buchmesse im Herbst 2011 vorgestellt. Entwickelt wurden die darin enthaltenen 48 populärwissenschaftlichen „Themenwelten" zusammen mit dem WDR-Moderator Ranga Yogeshwar sowie Computerexperten und Grafik-Designern. Für 12,99 Euro ist Epedio als App (Zusatzprogramm) für das iPad erhältlich.

Das erweiterte eBuch („enhanced eBook") ist eine Kombination von Buchtext und Videos. Jedes Kapitel enthält verschiedene Medien-Elemente – neben dem Text virtuellen Experimente, etwa ein Bremsweg-Simulator, ein Blutgruppen-Test oder der interaktive Kalorien- und CO_2-Rechner. Zumeist jedoch handelt es sich um einen kurzen Videoclip, ursprünglich produziert für die WDR-Sendung „Wissen vor Acht", die sich montags bis freitags ab 19 Uhr 45 Alltagsfragen aus populärwissenschaftlicher Perspektive nähert. Seit 2008 wurde Ranga Yogeshwar zum Gesicht dieser Sendung (weitere Informationen http://epedio.de/index.php? id=20).

Epedio bietet sich *Verlagen* als Plattform an, für Self-Publishing-Einzel-kämpfer ist das nichts. Epedio stellt Werkzeuge zur Verfügung, um Texte, Videos und Audiodateien zusammenzuführen. Es ist zunächst ein Werkzeug, mit dem man multimediale Inhalte einfach strukturieren kann. Eine assoziative Such- und Sortierfunktion führt durch das jeweilige Angebot. Es zu beschreiben, würde hier zu weit führen. Alle weiteren Verlagsangebote können in das Epedio-eBook als Hinweise mit Bild eingebunden werden. Wie die Inhalte zu Epedio kommen, wird auf der Epedio-Seite nicht mitgeteilt. Das Epedio soll auf so vielen Plattformen wie sinnvoll möglich verfügbar sein und wird dementsprechend ausgebaut werden. Der Fokus in der Entwicklung liegt derzeit auf dem Tablet-Format.

Die Benutzung dieser Plattform setzt ausgereiftes Medienwissen voraus. Einzelne Autoren werden erst dann davon profitieren können, wenn es eine Oberfläche geben wird, die das Zusammenstellen eines Epedios per Web ermöglicht. Anfragen können gerichtet werden an info@epedio.de.

Ich glaube nicht, dass solche Bücher erfolgreich sein werden, sofern es sich überhaupt um Bücher handelt und nicht um Multimedia-Shows. Der Leser will lesen. Wenn er Videos, Sounds oder Animationen haben möchte, findet er sie im Internet. Man sollte bedenken, dass die eReader auf eInk-Basis solche Bücher nicht vernünftig darstellen können.

Abgesehen davon sind die Produktionskosten für solche Inhalte unerschwinglich hoch. Schon Lektorat und Illustration sind nicht ganz billig, ein professionelles dreiminütiges Video kostet mehrere tausend Euro. Ich sehe weder den Markt noch den Bedarf.

BookRix

Eine Internet-Community für engagierte Leser ist BookRix: Auf BookRix.de können Sie eigene Texte in buchartige Form bringen und mit anderen diskutieren. Als registriertes Mitglied erhalten Sie eine eigene Profilseite, die Sie nach eigenem Gutdünken gestalten können. Hier haben Sie die Möglichkeit, eigene Texte einzustellen, Lieblingsbücher zu empfehlen und etwas über sich als Autor oder Leser zu schreiben.

BookRix kümmert sich um den Vertrieb Ihres ePub-Werkes in 60 eBook-Stores einschließlich Amazon! Es ist wirklich die Frage, ob Sie den mühsamen Weg über Epubli gehen müssen.

Neobooks

Ein Mittelding zwischen der Veröffentlichungsplattform Epubli und der Lesergemeinde BookRix ist Neobooks. Ich hatte ein Sachbuch probeweise vier Monate bei Neobooks.de eingestellt, einer vom Verlag Droemer Knaur betriebenen Plattform. Neobooks hat ein pfiffiges Konzept: Jene (verkäuflichen) e-Books, die von den Lesern die meisten und besten Bewertungen erhalten, werden als Print-Ausgabe vom Verlag übernommen. Die gedruckte Ausgabe ist hier die Belohnung für gute (oder zumindest geschätzte) Arbeit im eBuch-Bereich. Das bestätigt meine These vom weiterhin bestehenden Vorrang des gedruckten Buches. Immerhin wurde mein *Streit um Amalgam* 146 Mal gelesen (bzw. die zum kostenlosen Lesen freigegebenen Seiten), doch keiner gab eine Empfehlung ab. Da ich den Text kein einziges Mal verkaufte, löschte ich den Account im September 2011. Technisch hat Neobooks einen schwerwiegenden Nachteil: Man muss Überschrift für Überschrift und Kapitel für Kapitel einzeln in eine Maske übertragen. Daraus macht das System dann ein eBook im PDF-Format (Stand 2012).

XinXii für Kindle

Dies ist eine weitere Plattform, um eigene eBücher zu veröffentlichen und zu verkaufen. Im Februar 2012 waren dort etwa 15.000 Titel erhältlich, das ist nicht viel. Nach der kostenlosen Anmeldung erfolgt die Umsetzung in drei Schritten:

1. Texte in fast beliebigen Formaten werden zu XinXii hochgeladen. Neben DOC-Dateien werden auch ePub-, Mobi-, PDF- und PPT-Dateien akzeptiert.

2. Festlegen, wo das eBuch verkauft werden soll. Angeboten werden neben XinXii selbst: Amazon Kindle, iBookstore und das spanische Portal casadel-libro.com.

3. Die Benutzung ist laut Eigenwerbung angeblich kostenlos. Es ist unklar, warum XinXii das Wort "kostenlos" benutzt, denn natürlich fällt eine Provision an die Plattform an, und zwar nicht zu knapp: entweder 30 oder 60 Prozent, je nach Nettoverkaufspreis. Wenn sich XinXii auch um Kindle und iBookstore kümmern soll, sind es 50 Prozent von jedem verkauften Download. Wenn ein eBuch beispielsweise 10,00 Euro kostet, zieht XinXii gleich 1,60 Euro (19 % MWSt) direkt fürs Finanzamt ab; der Rest von 8,40 Euro wird geteilt. Für den Autor bleiben 4,20 Euro. das Geld wird einmal im Monat ausgezahlt.

Die Plattform hat einige Vorteile. Jede Änderung, Aktualisierung oder Löschung ist sofort aktiv. Der Verkaufspreis kann frei festgelegt werden. Als Autor behält man auf XinXii die Urheber-, Nutzungs- und Vermarktungsrechte. Ihre eBooks dürfen gleichzeitig auch auf anderen Plattformen vermarktet werden. Man kann eBooks in verschiedenen Dateiformaten gleichzeitig anbieten.

Autoren wird eine kostenlose Konvertierung in das ePub-Format (u.a. für den iBookstore) und in das Mobi-Format (für den Amazon Kindle eBook-Shop) angeboten. Voraussetzung dafür ist, dass das eBook über eine eigene ISBN verfügt. Das irritiert ein wenig, weil Kindle-Bücher nur bei Amazon und nicht über den Buchhandel erhältlich sind. Alle Verkaufskanäle werden auf einem einzigen Benutzerkonto geführt.

Inhaltsverzeichnis, Lese- bzw. Hörprobe (erlaubte Dateiformate: pdf, doc, xls, ppt, mp3) und Autorenporträt (erlaubte Dateiformate: jpg, gif, png) können getrennt hochgeladen werden.

Mit Apple-Software eBücher für iPad herstellen und verkaufen

Wie schon mehrmals angesprochen, arbeiten Apple und verschiedene Lesegeräte-Anbieter mit dem ePub-Format. Wieder wird Ihnen der Mund wässrig gemacht mit der Aussicht, unter Umgehung von Verlagen Ihre eigenen Bücher online zu stellen und damit Geld zu machen – diesmal mit iBooks für Apple-Geräte. Wieder werden Sie erkennen müssen, dass das reichlich mühsam und von Bedingungen und Restriktionen umstellt ist. Es wird viel Zeit und Geduld verlangt. Firmen wie Smashwords (http://www.smashwords. com/) übernehmen auf Wunsch einige der nötigen Arbeiten. Sie kümmern sich um die Konvertierung und um eine ISB-Nummer, wollen aber natürlich am Umsatz beteiligt sein. Smashword bedient aber fast nur den US-Markt und ist nicht geeignet für Bücher mit aufwendig gestalteter Grafik oder interaktiven Inhalten. Ob Smashwords oder nicht – der Autor muss sich um die eigene Vermarktung und Werbung kümmern. Wer aber über einen etablierten Verlag publiziert, kann relativ sicher sein, dass dieser sich auch um die Verbreitung kümmert. Auch sind iBooks-Autoren bislang keineswegs so erfolgreich wie einige von denen, die Kindle-Bücher auf den Markt warfen. Wichtig: Das iBook läuft nur auf iPad bzw. iPhone, nicht auf dem Mac. Wer mit seinem iBook Geld verdienen will, kann das nur über den iBook Store tun.

Um eigene iBooks herzustellen und zu verkaufen, benötigen Sie

- einen iTunes Store-Account (um Bücher aus dem iBookstore zu laden);
- einen „iTunes Connect"-Zugang, Der Verkauf eigener eBücher im ePub-Format wird über „iTunes Connect" abgewickelt. Sie werden im Laufe des Prozesses automatisch dorthin gelenkt. Um von iTunes Connect zu profitieren, benötigen Sie eine Kreditkarte.
- Sie brauchen eine ISB-Nummer (siehe Kapitel „Verlag gründen"). Sie darf nur für das iBook gültig sein; sie darf nicht die von einer Print-Version sein.
- Des Weiteren stellt Apple die Voraussetzung, dass man eine US Taxpayer Identification Number, kurz TIN besitzt. Wer eBooks via iTunes verkaufen

will, muss sich eine entsprechende TIN zuweisen lassen. Hierfür sind eine Handvoll Formulare nötig (nur auf Englisch, siehe weiter unten).

- Editiersoftware wie „Pages" (als Teil von „iWorks"), das kostenlose „OpenOffice", Microsoft „Word" (als Teil von MSOffice) oder das kostenlose „iBook Author". (Für wenig Geld gibt es eine abgespeckte „Pages"-Version fürs iPad. Es ist nicht geeignet, Texte für iBooks herzustellen!)
- Apple akzeptiert aktuell nur ePub-Dateien, die den ePubCheck 1.1 bestehen. Ist dem nicht so, lehnt Apple die Einreichung ab.
- zum Lesen das Programm „iBooks". Mit iBooks laden Sie automatisch auch den Zugang zum iBookstore (http://itunes.apple.com/de/app/ibooks/id364709193?mt=8).
  Achtung: iBooks funktioniert nur mit iPad, iPod touch und iPhone, nicht mit Mac und MacBook.

Damit Sie mit dem Mac-Computer Bücher suchen und kaufen können, muss iTunes 10.3 oder neuer installiert sein. Sie können die iBooks-App kostenlos aus dem App Store auf Ihr iPad, Ihr iPhone oder Ihren iPod touch laden. Es gibt kein iBooks-Programm für den Mac und die Apple-Laptops! Mit dem Kindle-App können Sie aber Kindle-Bücher auf Apple-Geräten lesen. Außerdem gibt es eBook-Reader-Apps für iOS von Kobo und Libri. Eine Applikation, die alle Formate verarbeitet, gibt es wegen des spezifischen DRM-Schutzes nicht. Das Universalprogramm „Stanza" wurde 2009 von Amazon gekauft und ist als App erhältlich. Aber es gibt kaum deutschsprachige Bücher auf dieser Plattform. Wer „freie" ePub-Titel bevorzugt, ist mit Stanza gut bedient.

iBooks Author ist speziell für Schulbücher mit vielen bunten Bildern und interaktiven Inhalten gedacht. Es kann Inhalte von Word übernehmen. Wie bei Kindle müssen einzelne Kapitel und Abschnitte erstellt werden, damit ein Inhaltsverzeichnis generiert werden kann. Es ist nicht möglich, im Nachhinein die gewählte Vorlage zu ändern. Es gibt derzeit (Mai 2012) nur sechs Vorlagen, die neben dem Titelbild auch das Layout vorstrukturieren. Für die Vorschau auf dem iPad muss es mit dem Mac verbunden und iBooks geöffnet sein.

Mit „iBooks Author" gibt es nach „Pages" ein zweites Apple-Programm, mit dem Sie Bücher im ePub-Format anfertigen können. Dieses Format ist ideal für Tablets und Smartphones (iPad und iPhone). Das bedeutet: Wenn Sie Bücher ins ePub-Format exportieren, dann tun Sie das nur für Tablets und Smartphones, nicht für den Mac, der nicht in der Lage ist, diese Bücher anzuzeigen. Erforderlich ist ein iPhone oder einen iPod touch mit iOS 4 oder neuer. iBooks ist mit dem Original-iPhone und dem iPod touch der 1. Generation nicht kompatibel! Die Apple-Software „iBooks Author" ist kostenlos im Mac-App-Store erhältlich. „Pages" kostet 15,99 Euro, MS „Word" etwa 80 Euro in der preiswertesten Variante und „OpenOffice" ist kostenfrei.

Wie sonst auch fangen Sie mit einem guten Text und Ideen für die Bebilderung an. Formatieren Sie die Inhalte nach eigenen Vorstellungen. In iBooks Author gibt es Schwierigkeiten mit dem Wechsel zwischen Hoch- und Querformat. Die Zeitschrift MacLife empfiehlt, das Hochformat gleich ganz zu deaktivieren. Sie werden einige Zeit brauchen, um als Neuling „iBooks Author" zu beherrschen. Für ein einzelnes Hobby-Buch lohnt sich das nicht.

Um bunte und spielerische Inhalte zu implantieren, sind weitere Unterprogramme (Widgets) nötig. Mit „Galerie" platzieren Sie mehrere Bilder, die mit Wischbewegungen weitergeblättert werden können. Mit „Keynote" lassen sich HTML-Inhalte einbauen, die an PowerPoint-Präsentationen erinnern. Das alles ist hochkomplex und schwer zu erlernen.

Eigene iBooks verkaufen

Zurück zu iBooks Author. Sorgfältige Autoren lassen andere Profis gegenlesen oder engagieren gleich einen Lektor, um für Qualität zu sorgen. Über *Ablage / Exportieren* kann das Buch im iBooks-, PDF- oder Text-Format gesichert werden. Auf Ihrem iPad können Sie das Ergebnis überprüfen. Veröffentlicht wird über *Veröffentlichen*. Sie werden darauf hingewiesen, dass Sie einen iTunes-Connect-Zugang benötigen. Eröffnen Sie ein Connect-Benutzerkonto (es beruht auf Ihrem iTunes-Konto) und wählen Sie, ob sie Ihr Buch kostenlos abgeben oder verkaufen wollen. Sie können später nicht mehr wechseln, sondern benötigen einen zweiten Account. Geben Sie Ihre Kontaktinformationen erneut ein (obwohl Apple die ja eigentlich schon hat). Nach einer Email-Bestätigung haben Sie Zugriff auf die iTunes-Connect-Seite. Mit einem weiteren Unterprogramm, „iTunes Producer", wird das Buch mit Metadaten versehen und hochgeladen.

Wichtig: Für *kostenpflichtige* Bücher benötigen Sie eine eigene ISBN und außerdem ist eine US-Steuernummer notwendig. Die kann auch von Ausländern beantragt werde. MacLife (Ausgabe 04/2012, S. 88) gibt für weitere Informationen folgende URL an: www.irs.gov/businesses/small/article/0,,id=97860,00.html. Über die MacLife-Internetseite lässt sich der vollständige Artikel für einige Cent nachlesen.

iBooks kaufen und lesen

Öffnen Sie den iTunes Store in iTunes, um auf die Option „Bücher" zuzugreifen. Klicken Sie dann im iTunes Store oben in der Navigationsleiste auf "Bücher". Danach können Sie es entweder über die iTunes-Mediathek auf das iOS-Gerät synchronisieren oder es automatisch direkt vom Computer aus an Ihr iOS-Gerät senden. Es muss iBooks 1.2.2 oder neuer installiert sein. Ferner muss auf Ihrem iOS-Gerät die Funktion „Automatische Downloads" aktiviert sein. Um die Funktion "Automatische Downloads" zu aktivieren, müssen Sie iOS 4.3.3 oder neuer installiert haben. Immerhin kann man ePub-Dateien von anderen Anbietern auf Ihren Mac laden. Wählen Sie *Ablage / Zur Mediathek hinzufügen*, oder ziehen Sie die ePub-Datei in die Mediathek "Bücher" auf Ihrem Computer, um sie zur iTunes-Mediathek hinzuzufügen. Wenn Sie diese Bücher dann lesen möchten, übertragen Sie sie per Sync auf Ihr iPad oder iPhone.

Fazit: iBook ist zu kompliziert.

„iBooks Author: ganz einfach Inhalte erstellen" – so titelte die Zeitschrift *MacLife* (Ausgabe 04/2012, S. 86). Das ist grob irreführend. Im Vergleich zu iBooks ist Kindle ein Kinderspiel. Für Kindle benötigen Sie auch keine ISB-Nummer und der Zugang zum deutschen Markt ist über die Verkaufsplattform Amazon gewährleistet. Meine Empfehlung: Von iBooks erst mal die Finger lassen. Wer diese Plattform aber mit bespielen will, sollte sich professioneller Hilfe holen. Für den Einzelkämpfer und Selfmademan ist das derzeit zu kompliziert.

Buchdruck

Die Verbreitung und Nutzung elektronischer Bücher kommt – anders als in den USA – in Deutschland nur langsam in Fahrt. In den Berliner U- und S-Bahnen beispielsweise lesen nach meinen Beobachtungen auch 2017 mehr Passagiere in richtigen Büchern als in einem elektronischen Lesegerät. eBooks verkaufen sich hierzulande eher schleppend. Die noch vorhandenen technischen Begrenzungen tragen dazu bei.

So können elektronische Texte nicht anonym erstanden werden. Wer ein Kindle-Buch erwirbt, tut das über seinen Amazon-Account, der mit vollem Namen und Adresse angelegt werden muss. Beim Bücherkauf im Geschäft fragt niemand nach meinem Namen. Allerdings schätze ich es, wenn ich beim Betreten des Buchladens meines Vertrauens mit Namen angesprochen werde! Und der Buchkauf über Amazon oder die anderen Anbieter im Internet hat durchaus Vorteile, beispielsweise indem die Zahlung automatisch über PayPal erfolgt und die Lieferadresse schon hinterlegt ist.

Die fehlende Anonymität mag für die meisten kein ausschlaggebender Grund sein, auf eBücher zu verzichten. Aber in der Summe scheinen die Gründe doch restriktiv auf die Verbreitung einzuwirken. So können eBuchtexte nicht kopiert und ausgedruckt werden, sie können nicht geteilt, verliehen, verschenkt und weiterverkauft werden – obwohl das alles höchstwahrscheinlich in näherer Zukunft technisch möglich werden wird, so wie man jetzt schon markieren und virtuelle Eselsohren knicken kann. Doch noch fehlt es an den sozialen Gesten, die mit der Buchkultur verbunden sind.**

Das gedruckte und gebundene Buch ist viel mehr als der bloße Text, den uns der Autor übergibt. Bücher entfalten ihre volle Wirkung im sozialen Kontext, in welchem die Büchersammlung eine zentrale Stelle einnimmt. Die gut gefüllte Bücherwand ist ein Statussymbol, eine Demonstration von Belesenheit, Klugheit, Wissen, Überblick und Kultiviertheit. Büchersammlungen als Teil der Selbstdarstellung sind im Kontext von Innenarchitektur und Wohnkultur nicht wegzudenken. Ein eBook-Reader drückt nach außen hin gar nichts aus, allenfalls eine gewisse Aufgeschlossenheit gegenüber neuen technischen Entwicklungen. Aber der Abschied von Windows und die Anschaffung eines Mac macht in dieser Hinsicht immer noch viel mehr her.

So leite ich denn das eBuch-Kapitel über zu einem Lob des gedruckten Buches. Robert Gernhardt hat diese Haltung in dem Gedicht „Ums Buch ist mir nicht bange" ausgedrückt. Daraus ein Ausschnitt:

> Zu Bändern, Filmen, Platten,
> die wir einst gerne hatten
> und die nur noch ein Dreck sind,
> weil die Geräte weg sind
> und niemals wiederkehren,
> gibt's nichts zu sehen und hören.
> Es sei denn, man ist klüger
> und hält sich gleich an Bücher,
> die noch in hundert Jahren
> das sind, was sie stets waren.
> Schön lesbar und beguckbar
> stehn sie da, unverruckbar
> in Schränken und Regalen,
> und die Benutzer strahlen.
> Ham die sich gut erhalten,
> das Buch wird nicht veralten.

Derart sittlich gestärkt wenden wir uns dem Buchdruck zu, wie er sich für jene darstellt, die unabhängig von etablierten Verlagen Schriftliches veröffentlichen möchten.

Wichtige Weichenstellungen: Wer sind Sie und was wollen Sie?

Beim Buchdruck gilt es, Wichtiges zu unterscheiden.

1) **Sie sind „nur" Autor** (und haben keinen eigenen Verlag).

1a) Sie wollen nur ein einen Text sauber drucken und an Freunde verschenken. Das machen z.B. Epubli, BoD und Tredition.

1b) Sie wollen mit Ihrem Text auf den Buchmarkt. Dazu brauchen Sie eine ISB-Nummer. Für diese Gruppe sind Epubli, BoD und Tredition gut geeignet.

Unter 1b) kümmern sich Epubli, BoD und Tredition darum, dass Sie im Buchhandel und bei den Online-Händlern sichtbar sind. Das läuft unter deren eigenen ISBN und kostet nicht viel.

2) Sie haben einen Kleinverlag.

2a) Sie haben einen Kleinverlag, aber keine eigene ISBN.

Sie benötigen nur eine Druckerei, die Ihnen eine ISB-Nummer zur Verfügung stellt und den Versand erledigt. Das bieten Epubli, BoD und Tredition.

Dort lassen Sie sich eine ISB-Nummer geben, lassen drucken und lassen von dort versenden. Diese Plattformen sorgen auch dafür, dass Sie im Buchhandel „sichtbar" werden. Um den Eintrag ins Verzeichnis Lieferbarer Bücher (VLB) müssen Sie sich nicht selbst kümmern – bzw. dieser Punkt muss vorab geklärt werden, am besten über die Hotline. Zu klären wäre ferner, ob Sie oder die Druckerei zwei Pflichtexemplare an die Staatsbibliothek schickt.

2b) Sie haben einen Kleinverlag mit eigener ISBN. Sie versenden selbst und kümmern sich auch sonst viel alleine.

Sie benötigen eine Druckerei. Druckereien gibt es wie Sand am Meer. E-publi druckt, ebenso BoD, Tredition und einige mehr. Als reine Druckerei ist CPI zu empfehlen. Sie laden Buchblock und Cover hoch und bestellen eine gewünschte Anzahl von Büchern. Sie sorgen für den Eintrag ins Verzeichnis Lieferbarer Bücher. Im Laufe einiger Tage erkennen die Online-Versandhändler und die stationären Buchhändler-Plattformen Ihren Eintrag und die Bestellungen trudeln bei Ihnen ein.

Sofern es sich um ein paar Dutzend Exemplare handelt, werden Sie das hinbekommen. Aber Vorsicht: Die Bestellung läuft per Email ein. Sie müssen wissen, wie schwer das Buch ist. Sie benötigen einen Transportumschlag, müssen die Rechnung korrekt mit Mehrwertsteuer schreiben, das Porto kaufen und bezahlen. Und dann das ganze zur Post. Pro Sendung benötige ich etwa eine halbe Stunde. Der Gewinn (vor Steuern) beträgt pro Buch etwa 4 bis 6 €. Sie haben einen Stundenlohn (nur beim Versand) von maximal 12 €. Lohnt sich das? Sie müssen immer anwesend sein, es sei denn Sie haben eine Vertretung für die Urlaubszeit. Und dann müssen Sie die Bücher auch lagern. Haben Sie eine Ahnung, wie viel Platz 100 Bücher wegnehmen?

2c) Sie haben einen Kleinverlag mit eigener ISBN. Die Druckerei soll auch gleich verschicken.

Das machen BoD und Tredition. Ich hoffe, ich täusche mich nicht, wenn ich sage, dass Epubli hierfür nicht in Frage kommt.

Sie laden Buchblock und Cover hoch und tragen Ihre eigene ISBN ein. Die Plattformen kümmern sich um die „Sichtbarkeit", aber Sie bestücken das VLB mit Informationen und schicken zwei Belegexemplare an die Staatsbibliothek. Sie können diesen Service aber auch hinzukaufen. Gedruckt wird bei Bestellung. Das bedeutet eine Lieferzeit von 5 bis 10 Werktagen! Das kommt manchen zu lange vor. Wenn Sie selbst versenden können Sie schneller reagieren. Das kommt heute gut an. Aber vergessen Sie nicht den Nachteil des Eigenversands: Ständige Alarmbereitschaft.

Das wären in etwa die groben Alternativen. Wo ordnen Sie sich ein?

Allgemeine Hinweise zur Formatierung

Software

Wie schon eingangs gesagt, werden die meisten von Ihnen wohl mit Microsoft Word arbeiten. Um nur einen Kindle-Text zu erstellen, reichen einfachere Textverarbeitungsprogramme wie „WordPad" (Windows) oder „TextEdit" (Mac) eigentlich aus. Für die Erstellung eines formatierten und druckfertigen Textes bedarf es aber schon MS Word oder andere Programme wie „Pages" (Mac) „LaTeX" (für Windows, Mac oder Linux) oder das kostenlose „OpenOffice" (Windows und Mac). Ein versierter Benutzer kann mit diesen Programmen sein Buch druckfertig setzen und als PDF-Datei (siehe weiter unten) an den Book-on-demand-Anbieter senden. Ein perfekter Buchsatz gelingt damit aber auch noch nicht. Sie unterstützen z.B. nicht das CMYK-Farbmana-gement, welches für Bilder und aufwendige Grafiken nötig ist. Für professionelle Buchhersteller gibt es spezielle Programme wie „Adobe InDesign" oder „QuarkXPress". Der Umgang damit ist komplex, die Ergebnisse sind aber 100 Prozent drucktauglich. Nachteilig ist natürlich der hohe Preis. Die Anschaffung für nur wenige Buchprojekte wird sich nicht lohnen.

Format des Gesamtdokuments

Es ist sinnvoll, sich *gleich am Anfang* über die Maße des geplanten Buches klar zu werden. Eine Druck- und Vertriebsplattformen im Internet bieten mehrere Standardformate (z.B. DIN A5) an, daneben aber auch Zwischenformate (z.B. das „Wissenschaftsformat" B 17 cm x H 24 cm).

Tipp: Schauen Sie sich ein ansprechendes Buch an und orientieren Sie sich im Folgenden an dessen Ausstattung.

Stellen Sie über *Format/Dokument/Gesamtes Dokument* die Größe des Gesamtdokuments in Zentimeter ein. Das hilft Ihnen, frühzeitig ein Gefühl für das spätere Produkt zu gewinnen. Später kann das natürlich noch geändert werden – muss sogar geändert werden, wenn die gewählte Plattform Ihnen Vorgaben macht.

Seitenränder

Bei der Erstellung der Datei sollten die Seitenränder oben 2,0 und unten 2,5 cm betragen. Für kleinformatige Paperback-Bücher: oben 1,7-1,8 cm, unten 2,5-3,2 cm, außen 1,9-2,1 cm, innen 1,2-1,5 cm ; keinen Bundsteg verwenden! Bei der Einrichtung von Kopf- und Fußzeilen ist ein Abstand von 1,25 bis 1,5 cm empfehlenswert.

Schrifttyp

Der Autor kann die Schrifttype grundsätzlich selbst bestimmen. Bei belletristischen Texten nimmt man eher die Serifen-Schriften wie Times New Roman, die feine Garamond oder Palatino. Bei Sachtexten werden gern die sachlichen Nichtserifenschriften genommen; am gebräuchlichsten ist Arial, neben Verdana. Dieses Buch ist „aus der Calibri gesetzt", wie der Buchdrucker früher sagte.

Nehmen Sie nie mehr als zwei, maximal drei verschiedene Typen pro Buch. Die ideale Schrift für Lesetexte ist die Serifenschrift, die Sie in den Überschriften mit einer glatten serifenlosen Schrift kombinieren können. Serifenlose Schrifttypen heißen groteskerweise auch „grotesk".

Die einzig richtige Schriftfarbe ist schwarz. Farbige Schriften lassen sich im Schwarzweißdruck schlechter lesen. Das gilt auch für graue Schrift.

Im Folgenden einige Schrifttypen. Aus der Tabelle geht sehr schön hervor, wie viel Platz die jeweiligen Schrifttypen benötigen.

Tabelle 1: Schrifttypen-Muster

Text 10 pt.

Johann Wolfgang von Goethe 1234	Cambria
Johann Wolfgang von Goethe 1234	Athelas
Johann Wolfgang von Goethe 1234	Baskerville
Johann Wolfgang von Goethe 1234	Baskerville Old Face
Johann Wolfgang von Goethe 1234	Didot
Johann Wolfgang von Goethe 1234	EF Garamond
Johann Wolfgang von Goethe 1234	Palatino
Johann Wolfgang von Goethe 1234	Pt Serif
Johann Wolfgang von Goethe 1234	Big Caslon
Johann Wolfgang von Goethe 1234	Times New Roman
Johann Wolfgang von Goethe 1234	Minion Pro
Johann Wolfgang von Goethe 1234	Georgia
Johann Wolfgang von Goethe 1234	Century

Überschriften 10 pt.

Johann Wolfgang von Goethe 1234	Avenir Book
Johann Wolfgang von Goethe 1234	Calibri
Johann Wolfgang von Goethe 1234	Candara
Johann Wolfgang von Goethe 1234	Corbel
Johann Wolfgang von Goethe 1234	Gill Standard
Johann Wolfgang von Goethe 1234	Helvetica Neue
Johann Wolfgang von Goethe 1234	Microsoft SansSerif
Johann Wolfgang von Goethe 1234	Verdana

Schriftgröße und Zeilenabstand

Manche Plattformen geben Empfehlungen vor, die man übernehmen sollte. Die Palette der Möglichkeiten ist – wie auch bei den Schrifttypen – sehr groß. Nach meiner Erfahrung ist eine Schriftgröße von 10 Punkt recht klein, ich bevorzuge 11 Punkt (obwohl diese Schrift hier eine Calibri-10-Punkt-Schrift ist). Der Zeilenabstand wird in der Regel mit 130 Prozent der Schriftgröße angegeben, also bei einer 10-Punkt-Schrift wählt man einen 13-Punkt-Abstand (einzustellen auch *über Format/Absatz/Genau* bzw. *Mehrfach* = 1,3). Sie können experimentieren: 10 Punkt auf 12 – oder 10,5 auf 13 – oder 11 auf 14 – oder 12 mit 1,5-zeiligem Abstand usw. Am besten, Sie formatieren Ihren Fließtext-Absatz über die Formatvorlagen und geben den Zeilenabstand (*über Absatz/Zeilenabstand/Mehrfach*) mit 1,3 an. Wenn Sie dann die Schriftgröße Ihres Normalabsatzes verkleinern oder vergrößern, wird gleich der Zeilenabstand entsprechend angepasst.

Fußnotentexte werden grundsätzlich ein oder zwei Punkt kleiner gewählt als der Normaltext, also 9 oder 10 Punkt.

Manche finden es schick, wenn sie Zitate einrücken, kleiner setzen und mit einem Vor- und Nachabstand versehen *und* vielleicht dann das Ganze auch noch in *kursiv* schreiben. Übertreiben Sie nicht! Eines dieser genannten Merkmale genügt.

Fettdruck ausschließlich in Überschriften verwenden! Hervorhebungen im Text können Sie mit *kursiv* vornehmen. Keine Unterstreichungen! G e s p e r r t e S c h r i f t stammt noch aus der Zeit der Schreibmaschine, als man keine kursiven Buchstabentypen verwenden konnte. Sollte man vermeiden. GROSSBUCHSTABEN stehen für SCHREIEN, eine extreme, überflüssige und unschöne Art der Hervorhebung. Für Überschriften lieber KAPITÄLCHEN verwenden.

Eine Faustformel für die Schriftgröße könnte lauten: Normalabsatz 10 Pt. mit 1,2-fachem Abstand; folgende Textteile immer mit einfachem Abstand: 1. Überschriftenebene 13 Pt. fett; 2. Überschriftenebene 12 Pt. fett; 3. Überschriftenebene 11 Pt. fett; Fußnoten und Abbildungsverzeichnis 9 Pt.

Absätze

Ein Absatz – ein Gedanke. Ein Text sollte untergliedert sein, das erleichtert das Lesen. Absätze sollten also voneinander optisch getrennt werden. Entweder erhalten Absätze einen Vor- oder Nachabstand in der Größe eines halben Zeilenabstands (z.B. 6,5 Punkt bei einem Zeilenabstand von 13 Punkt) oder einen Erstzeileneinzug von etwa 0,7 cm. Legen Sie die Absatzformatierung in der Formatvorlage ab.

Abbildungen

Fotos und Abbildungen sollten immer mit mindestens 300 dpi gescannt und bereitgestellt werden. Bei niedrigeren Auflösungen kann es eine Fehlermeldung geben und das Manuskript wird zurückgewiesen. Reine Schwarz-Weiß-Abbildungen (Strichgrafiken) sollten mit 1200 dpi gescannt werden. Fotos und Abbildungen können für den Druck verkleinert werden; von Vergrößerungen ist abzuraten, weil die Schärfe merklich leidet. Vermeiden Sie Strichstärken unter 0,3 mm (0,9 Punkt), da diese bei Verkleinerungen im Druck verschwinden können.

300 dpi pro Zoll bedeutet, dass sich 300 Bildpunkte (Pixel) auf einen Zoll bzw. 2,54 Zentimeter verteilen. Ein mit 300 dpi gescanntes oder fotografiertes Bild in der Größe von 10 cm Höhe und 15 cm Breite hat also eine Auflösung von 1181 x 1771 Pixel gleich 2,091 MB. Diese Pixelangaben sind wichtig für Fotobände oder wenn Sie einen eigenen Kalender herstellen wollen (zum Beispiel bei Calvendo). Für bestimmte Druckgrößen bedarf es bestimmter Mindestpixelzahlen, damit die Bilder noch scharf erscheinen. Die entsprechenden Plattformen geben diese Mindestpixelzahl an oder weisen mit grünen OK- oder roten Warn-Icons darauf hin, ob die Auflösung ausreichend ist.

Hinweis: Greifen Sie Bilder nicht mit einem Screenshot vom Bildschirm ab – beispielsweise bei Apple mit *cmd+Umschalten+4* . Da die Auflösung des Bildschirms gering ist, ist auch die Auflösung des Screenshots zu gering für einen sauberen Druck. Allenfalls wenn Sie ein Bild deutlich verkleinern, macht die geringe Auflösung nichts aus. Bilder also besser mit einer Spezialsoftware aus einer Word- oder PDF-Datei in JPG umwandeln (beispielsweise „Abbyy FineReader" und dann *Speichern unter ...*).

Das Dateiformat für Bilder sollte immer JPG bzw. JPEG sein. Es gibt viele andere Formate, aber JPGs werden klaglos verarbeitet.

Wenn Sie können, legen Sie Farbbilder grundsätzlich im CMYK-Modus an (Cyan, Mangenta, Yellow, Kontrast). Dies ist das Standard-Farbmanagement im Offsetdruck. Sogenannte RGB-Farben sind ein Farbformat für die Bildschirmdarstellung. Word und viele andere Textprogramme unterstützen das

CMYK-Format *nicht.* Um unangenehme Farbabweichungen zu vermeiden, müssen alle Geräte in der Entstehungskette aufeinander abgestimmt sein: Scanner, Fotoapparat, Computerbildschirm, PDF-Umwandler, Drucker. Das nennt man dann Farbmanagement. Laien müssen da passen; so was ist nur für Profis.

Das Problem besteht darin, dass sich der RGB-Bereich mit seinen Millionen Farben nicht immer mit dem kleinen CMYK-Format darstellen lässt. Diese Abweichung sieht man erst im Druck. Um dieser Problematik entgegenzuwirken, richtet man Farbprofile ein. Dazu brauchen Sie aber kalibrierte Scanner, Monitore und Drucker. Diese Geräte lassen sich manchmal entsprechend einstellen. Im Zweifelsfall belassen Sie es bei den Hersteller-Voreinstellungen oder Sie wählen „kein Farbmanagement".

Für den Alltag sind derartige Feinheiten nicht erheblich. Die meisten Druckereien schicken Ihnen vorab einen Probeabzug bzw. elektronisch einen „Softproof", anhand dessen Sie ermessen können, ob die Farbgebung einigermaßen Ihren Vorstellungen entspricht. Hochwertigen Farbdruck müssen Sie leider dem Fachmann überlassen. Die meisten Ihrer Bücher werden vermutlich schwarz-weiß gedruckt werden, so dass Sie sich um Farben keine Sorgen machen müssen.

Hinweis: Seien Sie nicht beunruhigt, wenn der „Softproof" auf Ihrem Bildschirm eine geringe Auflösung von nur 76 dpi hat und recht unscharf erscheint. Das gute Original bleibt erhalten.

Möchten Sie Bilder einfügen, die randlos gedruckt werden sollen? Dann ist eine „Beschnittzugabe" erforderlich. Sie geben – je nach Vorgabe der Druckerei – der beabsichtigten Druckgröße 3 bis 5 mm dazu, die dann nach dem Druck abgeschnitten werden. Die am Rand platzierten Bilder gehen dann garantiert bis an den Seitenrand und haben keinen „Blitzer", d.h. einen unbeabsichtigten weißen Streifen.

Schwarz-Weiß-Druck von Farbbildern

Farbdruck kostet mehr als Schwarz-Weiß-Druck. Das ist ja klar. Sie sparen also Kosten, wenn Sie Bilder, die im Original farbig sind, in ein s/w-Bild umwandeln. Ich habe das mal ausgerechnet: Pro Einzelexemplar-Druck kostet eine farbige Seite etwa 6 bis 8 Cent pro Einzelbuch mehr. Ein Buch mit 10 Farbseiten kosten im Druck also gut 60-80 Cent mehr. Bei der Umwandlung von Farbe in

Schwarz-Weiß helfen einige Programme. Das muss hier nicht im Einzelnen erörtert werden. Blöderweise arbeiten die Umwandlungsprogramme mit kryptischen Abkürzungen, die nur der Fachmann versteht. So werden Sie eventuell vergebens die Option „Graustufen" suchen. Deshalb hier der Tipp: Fahnden Sie nach *„15 % dot Gain"*. Das ist der Wert für Graustufen, mit einer offenbar von vornherein eingeplanten 15-prozentigen s/w-Intensivierung. Sieht dann echt gut aus. Außerdem muss der Haken bei *„preserve"* bzw. „beibehalten" gesetzt sein!

Seitenzahlen

Neue Abschnitte einer Arbeit beginnen immer auf einer rechten (ungeraden) Seite. Die Seitennummerierung beginnt mit dem ersten Kapitel. D.h. Textteile wie Schmutztitel, Impressum, Vorwort, Danksagung, Inhaltsangabe erhalten keine Paginierung. Das erste Kapitel erhält die Seitenzahl „7" (manchmal auch die 9). Fügen Sie vor dem ersten Kapitel einen *Abschnittsumbruch* ein. Wenn der steht, fügen Sie dahinter die Seitenzahl über *Seitenzahlen/Format* ein.

Seitenzahlenformatierung war in MS Word seit jeher ein Krampf und auch in den neuesten Word-Versionen ist dieses Feature nicht besser gelöst. Wenn Sie spezielle Wünsche an die Seitenzahlen und die Kopf- und Fußzeile haben, bedeutet das oftmals eine elende Fummelei. Die Foren sind voll mit Hilferufen; dort finden Sie aber auch eventuell Antworten auf spezielle Fragen. Die Seitenzahlen können Sie beliebig platzieren, aber immer sind sie in die Kopf- oder Fußzeilen integriert, die eigens und unabhängig vom übrigen Text formatiert werden. Üblich ist, die geraden Seitenzahlen links und die ungeraden rechts zu platzieren, also außen.

Microsoft hat die Formatierung von Kopf- und Fußzeilen reichlich kompliziert gestaltet. Wie oft schon habe ich geflucht, weil die fortlaufende Seitennummerierung nicht funktionierte oder unterschiedliche Formatierungen für linke und rechte Seiten durcheinander gerieten! Was ist zu beachten, damit es klappt?

Die Aufgabe soll beispielsweise so gestellt sein: fortlaufende Seitenzahlen in der Kopfzeile erst nach der Inhaltsangabe ab Seite Nummer 7; linke und rechte Kopfzeilen unterschiedlich, weil auf der linken Seite jeweils die 1. Überschrift und auf der rechten Seite die seitenaktuellen 2. Überschriften erscheinen sollen; die Überschriften sollen einspaltig gesetzt werden, der fortlaufende Text zweispaltig erscheinen. (Die Zweispaltigkeit findet man in vielen wissenschaftlichen Werken. Epubli beispielsweise bietet die Buchgröße „Wissenschaft" an, die etwas größer ist als DIN A5.)

Wenn Sie in einem Word Dokument mit der Formatvorlage arbeiten und Überschriften z.B. immer als "Überschrift 1" formatiert haben, so ist es möglich, diese Texte dynamisch in der Kopfzeile anzuzeigen.

Aktivieren Sie dazu die Ansicht der Kopfzeile mit *Ansicht / Kopf- und Fußzeile*. Wählen Sie nun *Einfügen / Feld*. Im nun sichtbaren Fenster wählen Sie aus der rechten Spalte den Feldnamen "StyleRef" und klicken auf *Optionen*. Ein neues Fenster öffnet sich, indem Sie nun die Registerkarte *Formatvorlagen* anwählen. Hier sehen Sie eine Liste aller Formatvorlagen, die in Ihrem Dokument definiert sind. Wählen Sie also z.B. "Überschrift 1", so wird das Feld immer die Überschrift 1 anzeigen, die auf der jeweiligen Seite ist.

Ich hatte einmal ein spezielles Problem: Die erste Zeile auf einer neuen Seite war grundsätzlich links oder rechts um etwa 0,5 cm eingerückt, auch in einem fortlaufenden Absatz. Die Formatierung war korrekt. Es lag irgendwie an der Seitenzahl in der Kopfzeile. Das dürfte zwar nicht sein, war aber so. Das Problem ließ sich beheben, indem ich die Seitenzahlen in der Kopfzeile löschte und die Seitenzahlen in der Fußzeile platzierte.

Inhaltsverzeichnis

Stellen Sie Ihren Text zusammen und halten Sie eine Seite frei für das Inhaltsverzeichnis, welches natürlich erst erstellt werden kann (*Verweise / Inhaltsverzeichnis*), wenn Sie Überschriften (mittels Formatvorlagen) definiert haben.

Das Inhaltsverzeichnis kommt ganz zum Schluss. Ihr Textverarbeitungsprogramm gibt Ihnen Hilfestellung dazu. Bibliophil sind Namens- und Sachregister am Schluss des Textteils, aber das ist schon hohe Kunst und nur dem versierten Kenner der Software vorbehalten.

Word in PDF umwandeln

Ist alles korrigiert und überprüft, wird die Textdatei in eine Post Document File (PDF) überführt. Das ist nötig, weil die Publizierungsplattformen in der Regel PDF-Dateien für den Buchblock und das Cover verarbeiten. Das „PostScript"-Format wird kaum noch verwendet, kann aber manchmal auch eingereicht werden.

Sie erstellen also Ihren Text, und wenn Sie mit dem rundum zufrieden sind – erst dann machen Sie daraus eine PDF-Datei. PDF lässt Ihren Text sozusagen einfrieren; er kann nicht mehr verändert werden (bzw. das geht nur mit Spezialprogrammen wie beispielsweise Adobe Acrobat Pro DC).

In der Regel dürfte Ihr Textprogramm unter *Drucken* eine Option *Als PDF speichern* enthalten. Ihre Software druckt den Text nicht wirklich aus, sondern wandelt ihn zu einer PDF-Datei um. Aus den neuen Word-Programmen heraus funktioniert das recht gut.

Manchmal gibt es aber unliebsame Überraschungen mit dieser einfachen PDF-Erstellung. Dass sich Textteile verschieben oder die Farbqualität nicht stimmt, habe ich weniger erlebt. Spezielle Programme wie der „Adobe Acrobat Distiller" oder „Adobe Acrobat Pro CD" (Windows und Mac) bieten in dieser Hinsicht Sicherheit. Diese kosten – Adobe Acrobat Pro CD beispielsweise knapp 30 Euro für einen Monat. Das Jahresabo verbilligt die Kosten pro Monat erheblich. Einmal 30 Euro auszugeben kann sich lohnen. Ich sage gleich warum. Nur das PDF-eigene Druckprogramm von beispielsweise InDesign liefert exzellente Ergebnisse, ist aber ebenfalls teuer und muss extra erlernt werden.

Daneben gibt es im Internet eine kleinere Zahl teils kostenloser PDF-Generatoren. Was sie taugen, wird sich erst im konkreten Fall zeigen. Für einfache Buchtexte reichen sie allemal. Diese Programme werden runtergeladen, installiert und meist automatisch in die Druck-Befehle Ihres Druckers eingebaut. Dort finden Sie dann beispielsweise „Ausgabe als PDF..."

Die Umwandlung einer Word-Datei in PDF hat ihre Tücken. Zumindest in älteren Word-Ausgaben (ich arbeite mit der 2013er-Version) werden bestimmten Word-Formatierung nicht in PDF übernommen. Das betrifft den Bundsteg und die unterschiedlichen Seitenränder für „innen" und „außen". Diese werden partout nicht übernommen. Ich bin fast verrückt geworden. Der Fehler zeigt sich erst beim Betrachten der PDF-Datei oder wenn man einen Probedruck in den Händen hält. Es blieb mir nichts anderes übrig, als den Text mittig auf die Seite zu setzen, also mit identischem Rand links und rechts.

Ich probierte Verschiedenes aus, um das Problem zu lösen. Word kennt unten „Drucken / PDF" unter anderem „Save to Adobe PDF". Das Ergebnis war unbrauchbar. Einmal verschwanden die Seitenzahlen, beim zweiten Mal wurden nicht die in die Kopfzeile eingebetteten Kapitelüberschriften mit übernommen. Statt der Kapitelüberschrift tauchte eine Fehlermeldung auf.

Wichtig: Sie haben ein Anderes als das DIN A4-Format als Dokumentformat gewählt, beispielsweise DIN A5? Das muss unter „Datei / Drucken / Seite einrichten" eingestellt werden.

Vergessen Sie nicht, „Ganzes Dokument" anzuklicken!

Falls Ihre DIN A5-Datei in DIN A4-Größe dargestellt wird, muss unter „Drucken" die „Papierhandhabung" angepasst werden! Dort stellen Sie den Druck – und sei es den virtuellen PDF-Druck – auf die vorher festgelegte Seitengröße ein, also z.B. DIN A5.

Nächstes großes Problem bei der Umwandlung aus Word in PDF: Das eingebettete wordeigene PDF-Unterprogramm rechnet anscheinend alle Bilder auf 200 dpi runter und ein korrekter CMYK-Farbraum wird zu RGB zurückverwandelt! Damit erklären sich einige der Fehlermeldungen, die Sie nach dem Hochladen der PDF-Datei zu einer Print-Plattform erhalten („Ihre Datei weist schwere Fehler auf. Auflösung für Bild auf Seite XY nur 199 dpi – erwartet werden 300 dpi"). Diese Meldung können Sie zur Not ignorieren. Der Druck ist auch bei 199 dpi recht gut.

Ein oftmals wiederkehrendes Problem ist die Verschiebung des Seitenumbruchs bei der Umwandlung zu PDF. Kontrollieren Sie also immer noch einmal das PDF-Ergebnis, bevor Sie die Datei an die Online-Plattform schicken. Die Print-on-Demand-Plattformen selbst kontrollieren die PDF-Datei auch und geben Ihnen eventuell eine Fehlermeldung aus. Dann geht die Formatierung von vorne los.

Dieses ständige Hin- und Herspringen zwischen Word und PDF ist auch bei kleinsten Fehlern oder Verbesserungswünschen nötig. Man kann dieses nervtötende Prozedur etwas abkürzen, indem man Adobe Acrobat Pro CD kauft. Damit kann man schnell und einfach *kleine* Korrekturen im PDF-Dokument vornehmen.

Achtung: Der PDF-Bearbeiter löst das Dokument in Textblöcke auf. Bei Korrekturen laufen diese nicht um! Und denken Sie daran: Die Änderungen im PDF-Dokument tauchen nicht in der Word-Datei auf! Man kann da ganz schön durcheinanderkommen. Immerhin kann man noch nachträglich Bilder einfügen, also z.B. die TIF-Datei mit der ISB-Nummer Ihres Buches.

Ich bin mir aber nicht sicher, ob das Programm *Adobe Acrobat Distiller* aus der Adobe-Familie noch angeboten wird (Juli 2017). „Adobe Acrobat pro DC" erfüllt die gleiche Funktion.

Achtung: „Adobe Acrobat pro DC" funktioniert nur, wenn Sie vorher eine übergreifende Adobe-Plattform installiert haben. Sie nennt sich „Creativ Cloud". Also erst Anmeldung bei Adobe, Creativ Cloud installieren, dann weitere Programm (bis auf Adobe Acrobat Reader meist kostenpflichtig) hinzubuchen.

Wer mit Word arbeitet, sollte also einmal einen speziellen PDF-Umwandler ausprobieren. Die Druckerei *ruckzuckbuch.de* empfiehlt das *FreePDF XP*-Programm ab Version 3.02 oder den *PDFCreator* (*pdfforge.org*, nur Windows) ab Version 0.9.6. Für Mac gibt es den „Power PDF Standard" von Nuance für 99 Euro.

Beim PDFCreator muss man die exakte Seitengröße des Dokuments einstellen, wenn man ein anderes Dateiformat als DIN A4 verwenden möchte, beispielsweise Breite 17 cm x Höhe 22 cm. Das ist aber mal wieder so idiotisch wie nur möglich gelöst. Unter *Dokumenteigenschaft 2* könne die zwei Größen Höhe und Breite in der Maßeinheit 1/72 Zoll eingegeben werden. Na toll! 1/72 Zoll entspricht einem Punkt = 0,376mm. Eine A4-Seite hat die Breite 595 Punkt und die Höhe 842 Punkt. Für ein anderes Format wie 17 x 22 cm errechnen sich 170 mm geteilt durch 0,376 gleich 452 Punkte, die Höhe entsprechend 585 Punkte. Sollten Sie das vergessen, erscheint eventuell die Fehlermeldung: „Wir erwarten 17,0x22,0 cm, erhielten aber 21,0x29,7 cm. Bitte korrigieren Sie Ihre Datei und schicken Sie sie uns noch mal."

Eine PostScript-Datei zu verwenden ist veraltet, obwohl einige Druckereien sie verarbeiten können.

Goldene Regeln

Wie bei eBüchern gilt auch hier: Ein Text muss absolut durchkorrigiert und fehlerfrei sein, bevor er gestaltet, zum PDF umgewandelt und an den Verlag geht. Alle Book-on-demand-Plattformen bieten für mehr oder weniger Geld (meistens mehr Geld) professionelle Hilfe für Korrekturlesen, Layout oder Covergestaltung an. Achten Sie selbst auf Groß- und Kleinschreibung, Getrennt- und Zusammenschreibung; machen Sie sich mit Sinn und Zweck von Binde- und Gedankenstrichen vertraut; eliminieren Sie doppelte Leerzeichen; lassen Sie ihren Text von mindestens zwei oder drei Personen gegenlesen, die sich in Grammatik und Zeichensetzung auskennen.

Drucktechniken

Dier Veröffentlichungsplattformen wie Epubli, BoD oder CreateSpace drucken in zweierlei Techniken: *Offsetdruck* für größere Auflagen, *Digitaldruck* für einzelne Bücher oder Kleinstauflagen beim „print on demand".

Offsetdruck hat die bessere Druckqualität; Digitaldruck schwächelt manchmal bei dünnen Linien oder grauen Flächen. Digitaldruck arbeitet mit hohen Temperaturen, die das Papier leicht wellen (curling).

Buchumschlag

Die gängigsten Buchumschläge sind das preiswerte *Paperback* (Umschlag aus festem Papier, auch *Softcover* genannt) und das teurere *Hardcover*, ein fester Einband. Die Verlage geben Bücher meist erst mit Hardcover heraus und schieben nach einiger Zeit eine preiswerte Paperback-Ausgabe nach. Softcover gibt es in verschiedenen Kartonstärken (meist so um die 250 Gramm pro Quadratmeter) und auch beim Hardcover werden meist mehrere Varianten angeboten, beispielsweise runder oder gerader Rücken oder – wirklich edel – Leinen. Der Kern der Hardcover besteht aus stabiler Graupappe. Softcover-Bücher werden zusammengeklebt, Hardcoverbücher werden mit Faden zusammengehalten. Deswegen ist Hardcover deutlich teurer, sieht aber auch viel schicker aus. Meist können Sie noch zwischen mattem und glänzendem Cover wählen.

Bei einigen Print-on-Demand-Anbietern können Sie die Cover-Vorder- und Rückseite statt als PDF alternativ als JPG- oder TIF-Bilddatei hochladen. *Achtung*: Bei den Formaten TIF und JPG wird die Schrift gerastert und wirkt daher unscharf! Das ist nicht zu empfehlen.

Was es an nervenden Schwierigkeiten bei der Umwandlung des Buchblocks in eine PDF-Datei gibt, gibt es auch beim Cover.

Es gibt zwei Wege zum Cover:

Am einfachsten ist, man benutzt die auf den Plattformen angebotenen „Cover Designer" mit vorgegebenen Umschlag-Designs. Die Auswahl bei Epubli, BoD und Tredition ist begrenzt. Man kann Bilder und Texte an markierten Stellen platzieren. Die Höhe des Buchrückens wird automatisch an die von Ihnen vorgegebene und vorab eingetragene Seitenzahl angepasst.

Aufwendiger ist das Herstellen eines Gesamt-Covers, das aus drei Teilen besteht: Vorderseite, Buchrücken und Rückseite. Die Größe wird von den Plattformen anhand Ihrer Daten (Buchgröße und Seitenzahl) ermittelt. Notieren Sie diese Angaben.

Das mit Word hinzufummeln ist praktisch unmöglich. InDesign macht es einfach, aber nur, nachdem man sich das Programm mühsam angeeignet hat. Die Gestaltungsmöglichkeiten sind unbegrenzt. Einfacher ist es, ein Cover von einem Designer herstellen zu lassen. Das kostet zwischen 100 und 200 €. Er benötigt die Abmessungen (den „Aufriss"), um ein passgenaues Cover zu entwerfen. Das erhalten Sie dann als PDF-Datei und laden es hoch zur Druckplattform.

Scribus

Als eine kostenlose Variante zu InDesign wird das Satzprogramm zum Positionieren von Text und Bild namens Scribus angepriesen. Es es in Windows- und Mac-Versionen.

Kostenloser Download z.B. bei „Computerbild": http://www.computer bild.de/download/Scribus-Mac-903231.html

Die Zeitschrift schreibt dazu: „Mit der DTP-Software ‚Scribus' erstellen Sie Briefpapier, Flyer, Visitenkarten, CD-Cover oder komplette Magazine auf dem PC oder Mac – es gibt kaum eine Drucksache, die sich mit dem kostenlosen Layout-Programm nicht professionell gestalten ließe. Texte und Grafiken platzieren Sie einfach und präzise an beliebigen Stellen in Ihrem Dokument. Für umfangreiche Werke können Sie ein Grundlayout (eine Masterseite) festlegen, um bestimmte Elemente auf allen Seiten zu vereinheitlichen. Dank CMYK-Farbmanagement, und umfassender PDF-Unterstützung hält Scribus auch dem Vergleich mit teurer Profi-Software stand. Fertige Druckvorlagen exportiert das Publishing-Programm wahlweise als PDF, Grafik, EPS- oder SVG-Datei." (Stand März 2017)

Ich versuchte Scribus auszuprobieren, kam damit aber überhaupt nicht zurecht. Wenn ich es recht verstehe, fehlte dem Programm ein wichtiges Feature, um zu funktionieren. Es gelang mir nicht, dieses Feature für die Mac-Version zu finden, geschweige denn aufzuspielen. Ohne dieses Feature, so habe ich es verstanden, kann die Scribus-Datei nicht in PDF umgewandelt werden. Wie so ein wichtiges Detail überhaupt fehlen kann, verblüfft mich.

Papier

Die Veröffentlichungsplattformen bieten verschiedene Druckpapierqualitäten an. Bei Sachbüchern nimmt man weißes, bei Belletristik eher gelbliches (chamois) Papier. Dieses Buch ist auf weißem Papier mit einem Gewicht von 90 Gramm pro Quadratmeter gedruckt. Es gibt eine schier unübersehbare Auswahl an Papierqualitäten. Das 80- oder 90-Gramm-Papier ist meist Standard, aber es gibt auch 70-Gramm-Werkdruckpapier oder 120-Gramm-Papier für höherwertige Ausgaben, Bildbände beispielsweise, wo das Bild der Rückseite nicht durch das Papier durchschlagen soll. Kataloge sowie Grafik- und Fotobücher werden meist auf 135-Gramm-Papier (manchmal auch noch schwerer) gedruckt, weil dieses die Rückseite nicht durchscheinen lässt.

Datenmenge

Schon zu Beginn des Produktionsprozesses benötigen Sie eine Menge Dateien. Hier ein Überblick:

- Der gut lektorierte und korrigierte Basistext. Er ist für eine eBuch-Produktion geeignet. Meist wird es eine Word- oder eine Pages-Datei sein.
- Der layoutmäßig ansprechend gestaltete Text, auch reprofähige Vorlage genannt. Er muss in der Regel in eine PDF-Datei umgewandelt werden. Die Seitenzahl muss durch 4 teilbar sein.
- Eine Sammlung von Informationen, von mir „Nebendatei" genannt. Für einen schnellen Zugriff kommen in diese Datei: ISB-Nummer als Strichcode-Datei (oftmals PNG), die plattformeigene Zuordnungsnummer, ein Appetit machender Klappentext, drei Zeilen „Über den Autor", das Inhaltsverzeichnis, eine Leseprobe, das Autorenfoto, der Buchhandelspreis und das von der Veröffentlichungsplattform ausgerechnete Honorar für den Autor (oft „Marge" genannt). Man kann auch noch eine Liste von Adressen sammeln, die über die Neuerscheinung informiert werden sollen. Inhaltsverzeichnis und Leseprobe können Sie u.a. in das VLB einsetzen.
- Das Cover, sofern Sie selbst eines herstellen oder von einer Grafikfirma herstellen lassen. Das Cover ist hier das Gesamtcover, also mit Rückseite und Buchrücken. Die Plattformen geben die Größe des Covers an. Die Größe richtet sich nach der Seitenzahl und dem gewünschten bzw. gewählten Format, also z.B. 15,5cm x 22cm oder 16cm x 24cm.

- Aus dem Cover werden das Titelbild und die Rückseite generiert. Damit kann man später Werbung machen. Diese Bilder müssen für eine Verwendung meist im JPG-Format sein.
- Die Farbbilder müssen manchmal in ein s/w-Bild umgewandelt werden, weil Farbdruck teurer ist als s/w-Druck.
- Reklamezettel und Infoblätter für Werbung. Diese setzen sich zusammen aus dem Cover-Bild und den Basisinformationen (Klappentext), die sie in der „Nebendatei" schon griffbereit vorliegen haben sollten.

Epubli

Für die Veröffentlichung einer *Print*ausgabe bei Epubli haben Sie folgende Vertriebsmöglichkeiten:

a) **Epubli-Buch-Shop (ohne Epubli-ISBN)**: Der Vertrieb über den Epubli-Buch-Shop ist kostenlos, aber vermutlich nicht besonders wirkungsvoll.

b) **Buchhandel** incl. Amazon-Marketplace **(mit Epubli-ISBN)**: Mit einer ISBN von Epubli wird Ihr Buch zusätzlich zum Epubli-Buch-Shop beim Verzeichnis Lieferbarer Bücher (VLB) gelistet und kann dann von allen Buchhändlern bestellt werden. Außerdem wird es bei Amazon, dem größten Online-Shop verfügbar gemacht. Zusätzlich stellt Epubli alle Titel auf die deutschsprachige Literatur-Community Lovelybooks.de sowie auf die Online-Plattform des Börsenblatts Neuebuecher.de. In der Regel dauert es zwei Wochen, bis Ihr Buch (oder eBook) dann überall recherchier- und bestellbar ist.

Achtung: Epubli gibt vor, wie die ISBN auf der Coverrückseite (mittig oder rechts, *nicht* links unten!) und im Impressum eingefügt werden muss. Bei einem Epubli-Standardcover wird die Epubli-ISBN dort automatisch eingefügt; bei einem eigenen Cover müssen Sie Ihre ISBN selbst einfügen.

Achtung: Im ersten Schritt der Print-Veröffentlichung bei Epubli sollten Sie noch keine Epubli-ISBN verwenden. Sie möchten vielleicht Ihren Versuch überarbeiten. Stellen Sie Ihr Buch also bei Epubli ein – und kaufen Sie ihr eigenes Buch. Ihre Bestellung wird in 8 bis 10 Werktagen ausgeliefert. Überarbeiten Sie wenn nötig ihr Werk, kaufen Sie erst jetzt eine Epubli-ISB-Nummer und geben das Werk neu ein. Das alte Werk löschen Sie einfach. Die Löschung eines Werkes mit Epubli-ISBN bedeutet den Verlust dieser ISB-Nummer und von 14,95 Euro!

Eine Epubli-ISB-Nummer erhalten Sie nach der Bestellung mit der Rechnung, die an Ihre eMail-Adresse geht. Konvertieren Sie die ISBN zu einem EAN-13-Barcode mit Hilfe des Barcode-Generators Tec-it (siehe entsprechendes Kapitel). Die ISBN samt Barcode-JPG-Datei bauen Sie sorgfältig in Ihre DOC-Dateien auf der Cover-Rückseite und im Impressum ein. Zu den Einzelheiten gleich mehr.

Epubli ist ein ausgefeiltes Konzept, bei dem zwar viel zu beachten ist, das aber auch gut dokumentiert ist. Bitte informieren Sie sich dort zu den Einzelheiten.

Im Folgenden soll es um den *Druck* Ihres Buches gehen. Wie Epubli arbeitet, geht aus der Schritt-für-Schritt-Anleitung hervor, die Sie sich zunächst mal ausdrucken und anschauen sollten.

c) **Veröffentlichen bei Epubli mit eigener ISB-Nummer**: Sie besitzen eine eigene ISB-Nummer. Bauen Sie diese Nummer in Ihren Text ein, laden Sie diesen zu Epubli hoch und geben Sie Ihre Buchdaten selbst beim Verzeichnis Lieferbarer Bücher (VLB) ein. Das ist die aufwändigste Variante, bietet aber Kontrolle über alle Schritte.

Schritt 1: Textformatierung

Beim Buchdruck müssen Sie fast alle Hinweise zur Formatierung wieder vergessen, die Ihnen beim Publizieren von eBüchern eingebläut wurden. Schauen Sie sich zunächst die Formatierungshilfen für Word (2003, 2007, 2010) oder Open Office an: http://www.Epubli.de/projects/anleitung/ formatrules.

Nehmen Sie Ihren Text und folgen Sie den Anweisungen. Z.B. müssen Sie zunächst das Druckformat angeben; Epubli rät zu DIN A5, es gibt aber auch andere Formate. Wenn Sie merken, dass die Seitenränder zu groß erscheinen, reduzieren Sie diese auf nicht mehr als 2 cm.

Dann wird die Schriftart festgelegt. Für einen schönen Buchdruck nehme ich Garamond, bei einem Sachtext ist Calibri sehr schick (nicht zu verwechseln mit der Software „Calibre"). Achten Sie darauf, dass die verwendeten Schriftarten ans Dokument angeklebt („eingebettet") werden: *Datei / Optionen / Speichern / Schriftarten in der Datei einbetten*. Setzen Sie weder ein Häkchen vor „Nur im Dokument verwendete Zeichen einbetten" noch vor „Allgemeine Schriftarten nicht einbetten"!

Sehr einfach ist die Verwendung von Grafiken und Bildern, die einfach auf der Seite platziert werden. Selbst Kopf- und Fußzeilen sind möglich. Mit der Tabulatortaste können Sie die erste Zeile eines Absatzes einrücken, wie Sie überhaupt alle Freiheiten der Formatierung haben.

Schritt 2: Titelei

Aufwendiger als bei eBüchern ist die so genannte Titelei, das sind sechs Seiten bis zum Beginn des Inhaltsverzeichnisses bzw. des eigentlichen Textes.

Nehmen Sie das eine oder andere schöne Buch aus Ihrem Bücherschrank und schauen Sie sich mal die Titelei an. Sie könnte folgenden Ablauf haben:

U1: Buchcover

U2: Buchcoverrückseite, bleibt leer

Jetzt beginnt die „Titelei":

3: – die erste Seite in Ihrem Dokument mit:

Autorenname

Titel

Untertitel

4: – die 2. Seite Ihres Dokuments mit dem Impressum:

Druck: Epubli GmbH, Berlin, www.epubli.de

Copyright © 2011 Gerald Mackenthun, Berlin

Internet: geraldmackenthun.de

Für sachdienliche Korrekturen wäre ich dankbar:

home@psychondo.de

1. Auflage Mai 2011

Titelfoto © Tepco/Corporate Communications Department. Abdruck mit freundlicher Genehmigung.

ISBN 978-3-******-**-*

5: Titelei-Seite:

Autorenname

Buchtitel

Untertitel

6: (bleibt leer)

7 und evtl. 8: Inhaltsverzeichnis

8 oder 9: *Vorwort*

9: erhält die Paginierung „7": Beginn des Haupttextes.

Erst nach der Titelei sollte mit der Paginierung begonnen werden. Hinweise dazu erhalten Sie in der Word-Hilfe unter „Beginnen der Seitennummerierung auf einer anderen Seite".

U 3: bleibt leer

U 4: Buch-Rückseite.

Schritt 3: Buchcover erstellen

Wenn es weitergehen kann, nehmen Sie sich mindestens eine Stunde Zeit, machen Sie die Tür hinter sich zu, stellen Sie eine Tasse Kaffee bereit, gehen Sie zu http://www.Epubli.de/publish und klicken auf *Buch veröffentlichen*. Übrigens war bei mir die Hotline immer sofort am Apparat, falls mal eine Frage zu klären war. Die Antworten, die ich erhielt, sind in diesem Kapitel enthalten.

Beim Erstellen des Covers kann man es sich leicht und kann man es sich schwer machen. Entweder benutzen Sie eine Vorlage von Epubli oder Sie erstellen Ihr Cover selbst. Egal, welches Vorgehen Sie wählen, geben Sie zunächst den Titel und Ihren Vor- und Nachnamen ein und wählen Sie die Ausstattungsmerkmale.

1) Die einfache Art und Weise geht so: Erstellen Sie eine Vorder- und eine Rückseite in *getrennten* DOC-Dateien in der Größe des Buches. Dazu können Sie zum Beispiel die Word-Grafikelemente benutzen. Ich arbeite gern mit Textfeldern (*Einfügen / Textfeld*), die Sie mit Inhalten einschließlich Bildern füllen können.

Die Cover-Rückseite: Platzieren Sie (wenn vorhanden) Ihre ISBN-Nummer auf die Rückseite, stellen Sie ein Porträt und einen anregenden Text dazu. Lassen

Sie die linke untere Ecke für eine Epubli-interne Verarbeitungsnummer frei. Wenn Sie ganz pfiffig sind, bieten Sie Ihre ISB-Nummer als EAN-Barcode auf der Rückseite an (siehe Kapitel „ISBN kodieren als EAN-13-Barcode").

Wandeln Sie diese DOC- anschließend in PDF-Dateien um. Epubli bietet dazu ein kostenloses PDF-Programm an. Dieses wird in Ihren Drucken-Befehl eingebunden. Das ist wichtig:

Wandeln Sie Ihre Word-Datei immer über *Drucken / Als PDF speichern* bzw. *Als PDF sichern* um.

Epubli fragt Sie dann nach getrenntem Hochladen von Rück- und Vorderseite.

Der Vorteil ist, dass Sie durch Epubli ohne weitere Rechnerei eine präzise Buchrückenbeschriftung erhalten. Wenn Sie dann den Inhalt hochgeladen haben, sehen Sie, wie sich links die Breite des Buchrückens an den tatsächlichen Umfang Ihres Buches anpasst. Der Nachteil: Der Buchrücken ist nicht veränderbar, mit einer Ausnahme: Sie könne die Farbe an ihr Cover grob anpassen.

2) Epubli eröffnet zweitens die Möglichkeit, des Gesamtcovers (Vorderseite, Rückseite und Buchrücken) in *einer einzigen* PDF-Datei hochzuladen. Eine integrierte Vorder- und Rückseite des Buches zu erstellen ist eine heikle Fummelei. Epubli gibt Ihnen anhand der gewählten Buchgröße und der Seitenzahl die Größe des Gesamtcovers (Vorderseite, Rückseite und Buchrücken) in Millimeter vor.

„Scribus" ist ein kostenloses Programm zum Erstellen von komplexen Druckvorlagen. Downloads für Windows und Mac bietet Computerbild an.

Sie haben also Ihren Text auf das gewünschte Format gebracht („Seitenlayout / Größe") und können jetzt in Word links unten die Seitenzahl erkennen. Mit dieser Seitenzahl im Kopf gehen Sie zu Epubli auf den „Coverrechner". Geben Sie die gewünschten Angaben ein und lassen Sie *berechnen*. Die Seitenzahl wird auf eine durch 4 teilbare Zahl erhöht. Je mehr Seiten, desto breiter der Buchrücken.

Es ist *nicht* empfehlenswert, mit Word das *gesamte* Buchcover zu erstellen. Benutzen Sie besser Scibus oder beauftragen Sie einen Grafiker, der vermutlich mit InDesign arbeitet. Das kostet Geld, das Ergebnis ist aber auch brillant.

Achten Sie auch hier darauf, dass die verwendeten Schriftarten ans Dokument eingebettet werden: *Datei / Optionen / Speichern / Schriftarten in der Datei einbetten*. Setzen Sie weder ein Häkchen vor „Nur im Dokument verwendete Zeichen einbetten" noch vor „Allgemeine Schriftarten nicht einbetten"! Aber selbst wenn Sie alles gemacht haben, erscheint eine Fehlermeldung bei Epubli. Ignorieren Sie sie. Aus irgendeinem Grund dauert anschließend das Speichern der Datei länger als sonst.

Anschließend müssen Sie auch die Textdatei als PDF-Datei speichern. Die Umschlaginnenseiten (sog. U2 und U3) können nicht bedruckt werden. D.h. die erste Inhaltsseite Ihrer Textdatei wird immer rechts (ungerade Seite) gedruckt.

Schritt 4: Zu Epubli hochladen

Laden Sie die PDF-Umschlag-Datei und die PDF-Text-Datei zu Epubli hoch. In der Buchvorschau (die kleinen Pfeile rechts oben) können Sie Seite für Seite überprüfen.

Epubli fragt Sie anschließend nach verschiedenen Angaben: Adresse, Kontonummer, Nebenangaben usw.

Legen Sie den Verkaufspreis fest. Epubli schlägt einen Mindestverkaufspreis vor, der genau den Druckkosten entspricht. Damit Sie Honorar erhalten, legen Sie etwas drauf. Aus altruistischen Gründen ein Buch unter dem Herstellungspreis zu verkaufen, ist bei Epubli nicht möglich. Das Honorar ist für Sie höher, wenn Ihr Buch über Epubli gekauft wird, niedriger, wenn es über Amazon etc. gekauft wird.

Der Mindestverkaufspreis ist niedriger, wenn Sie das Buch nur über Epubli vermarkten, und höher, wenn Sie Epubli beauftragen, sich auch um den Versand an den Buchhandel (einschließlich Eintrag ins Verzeichnis Lieferbarer Bücher VLB) und um einen Eintrag in das Amazon-Verzeichnis zu kümmern. In beiden Fällen ist es sinnvoll, zusätzlich 14,95 Euro auszugeben und über Epubli eine ISB-Nummer zu kaufen. Dann muss allerdings als Verlag „Epubli" angegeben werden. Falls Sie schon eine eigene ISB-Nummer haben, so sollten Sie überlegen, auf die Vermarktung unter eigener Nummer eventuell zu verzichten. Trösten Sie sich damit, dass Ihre ISB-Nummer nicht verfällt, weil sie lebenslang gilt.

Sie werden gezwungen, den Epubli-Verlagsvertrag anzunehmen: „Für die Laufzeit des Vertrags überträgt der Autor epubli räumlich und inhaltlich unbeschränkt das ausschließliche Recht zur Vervielfältigung, Verbreitung und Vermarktung des Werks ..." usw. Wie ärgerlich das ist, wurde schon betont. Immerhin scheint der Vertrag mit Epubli innerhalb von nur fünf Tagen per Email kündbar zu sein; bei BoD hingegen sind Sie ein Jahr gebunden.

Wenn Sie alle Schritte durchexerziert haben, bietet Epubli an, das Buch als PDF-Datei zu veröffentlichen. Das ist kostenlos und ganz einfach, weil der schon hochgeladene Text dazu verwendet wird. Ich rate davon ab und empfehle, das Buch lieber selbständig bei Kindle zu veröffentlichen oder von Epubli in eine ePub-Version konvertieren zu lassen.

Bei einer Veröffentlichung im Amazon Kindle Store und dem Apple iBookstore gelten besondere Bestimmungen für die Preisgestaltung. So muss der Verkaufspreis des eBooks mindestens 20% unter dem Verkaufspreis der Printversion liegen. Bei einer reinen Veröffentlichung als eBook ist eine freie Preissetzung möglich.

Kaufen Sie jetzt Ihr eigenes Buch, um eine handfeste Vorstellung vom Produkt zu bekommen. Wenn Sie nicht zufrieden sind, verbessern Sie Text und Cover und wiederholen Sie die Prozedur. Löschen Sie Ihr altes Werk zuvor.

Erst jetzt sollten Sie beim VLB das Buch unter Ihrer eigenen ISB-Nummer eintragen.

Achtung: Schauen Sie unter „Meine Buchprojekte" nach, was dort steht. Unter ihrem Buch gibt es nämlich einen dicken Button namens „Veröffentlichen". Das ist verwirrend, denn Ihr Buch ist nach 10 bis 14 Tagen online. So aber muss man fälschlicherweise annehmen, dass mit dem Hochladen noch nicht automatisch die Veröffentlichung verbunden ist. Das ist nicht der Fall! Der Button ist dazu da, angeklickt zu werden, wenn Sie Veränderungen am Cover und/oder Text vorgenommen haben und die *neue Version* veröffentlicht werden soll. So erklärte es mir die Epubli-Auskunft. Sie dürfen nicht unter „Meine Buchprojekte" nachschauen, sondern unter „Meine Veröffentlichungen"!

Sie müssen nicht bei Epubli publizieren. Es gibt eine ganze Reihe von Druckereien, die elektronisch vorliegende Texte preiswert drucken. Mit der größte derartige Anbieter ist Books-on-Demand (www.bod.de). Bei BOD kostet das Veröffentlichen einschließlich einer ISB-Nummer 19,90 Euro. Je mehr professionelle Hilfe für Text und Cover in Anspruch genommen wird, desto teurer wird es. Das Premium-Paket ist ab 399,00 Euro zu haben.

Einen guten Eindruck macht zum Beispiel die Druckerei SDV, die auch Print-on-Demand anbietet (www.sdv.de). Dort kann man Bücher kostengünstig und ohne Risiko in kleiner Auflage ab 25 Stück produzieren lassen. Vom Layout über Datenaufbereitung bis hin zu Druck und Weiterverarbeitung bietet die Firma Unterstützung an. Dazu gehören auch ein online-Preiskalkulator und ein Merkblatt zur Datenvorbereitung. Der Buchdruck wird mit jeder Bestellung neu ausgelöst, eben Print-on-Demand.

Man kann seine Texte auch einem kommerziell arbeitenden Verlag anvertrauen, der in aller Regel einen saftigen Druckkostenzuschuss verlangt (oftmals 7 Euro pro Druckseite ohne MWSt). In dieser Situation wird das Drucken von Büchern auf Anforderung bzw. nach Bedarf interessant.

Eine überarbeitete Version zu Epubli hochladen

Sie haben Ihr Werk überarbeitet und wollen es in verbesserter Form und Inhalt anbieten. Hier noch einmal Schritt für Schritt – es dauert durchaus einige Zeit:

1. Erstellen Sie von Ihrer verbesserten DOC-Version eine PDF-Version über die Druck-Funktion.
2. Erstellen Sie von Ihrem Cover-Bild eine PDF-Version.
3. Loggen Sie sich bei Epubli ein und gehen Sie auf „Buchprojekte". Suchen das entsprechende Druck-Produkt.
4. Drücken Sie *Buch löschen* und auf der nächsten Seite noch einmal *Buch löschen*.
5. Gehen Sie in der grauen oberen Zeile auf *Buch veröffentlichen*.
6. Gehen Sie auf der nächsten Seite auf *Buch erstellen*.
7. Wählen Sie die Ausstattung aus.
8. Laden Sie das Cover und den Text hoch. Überprüfen Sie, ob Sie auch den neuen Text genommen haben.
9. Drücken Sie Veröffentlichen.
10. Übernehmen Sie die schon gespeicherten Angaben.
11. Akzeptieren Sie den Epubli-Vertrag und gehen Sie auf *Weiter*.
12. Veröffentlichen Sie die Überarbeitung eher nicht als eBook (PDF).
13. Die veränderte Version erscheint als neues Buch im Epubli-Katalog mit einer neuen Epubli-internen Verarbeitungsnummer. Das erschwert nicht nur ein Zusammenzählen der Verkäufe, sondern die Vermarktung. Sie müssen mit der neuen Nummer Werbung machen und alle Links erneuern.
14. Das alte Buch müssen sie löschen.

Wenn Sie *nur* den Preis oder Angaben zum Buch ändern wollen:

1. Drücken Sie Veröffentlichen.
2. Wählen Sie auf der nächsten Seite die Vorlage des zu ersetzenden Buches.
3. Wählen Sie *keine ISBN*, wenn Sie eine *eigene* ISBN haben, oder die von Epubli zugewiesene ISBN. *Weiter.*
4. Legen Sie den Verkaufspreis erneut fest.
5. Drücken Sie die *Google Buchsuche*-Option (das kann nicht schaden). *Weiter.*
6. Übernehmen Sie ganz einfach Adresse und Kontonummer, akzeptieren Sie den Epubli-Vertrag und schicken Sie die Änderungen ab.
7. Die veränderte Version erscheint als neues Buch im Epubli-Katalog mit einer *neuen* Epubli-internen Verarbeitungsnummer. Das erschwert nicht nur ein Zusammenzählen der Verkäufe, sondern die Vermarktung. Sie müssen mit der neuen Nummer Werbung machen und alle Links erneuern.
8. Das alte Buch müssen Sie löschen.

Vergessen Sie als eigener Verleger jeweils nicht, beim Verzeichnis Lieferbarer Bücher etwaige Änderungen (z.B. veränderter Preis) anzugeben.

Anmerkungen zu Epubli

Epubli möchte der führende Book-on-Demand-Vertreiber europaweit werden. Leider gibt es einige Kritik an Epubli, die diesem Anspruch entgegenstehen.

Eine überarbeitete Version wird immer als neues Buch oder eBook ins Epubli-Netz gestellt; alte Versionen müssen gelöscht werden. Deswegen geht die Epubli-ISBN verloren und man verliert Geld. Man verliert zudem die alte Epubli-interne Nummer, d.h. Sie können mit dem direkten Link keine Werbung mehr machen, sondern müssen alle Verknüpfungen ändern. Sehr ärgerlich. Epubli begründet das mit rechtlichen und technischen Gründen. Nur so könnten Änderungen von Epubli nachvollzogen werden.

Ein Hinüberretten der epubli-internen Nummern geht nur bei Epubli-ISBN-Publikationen. Dann werden Vorgänger- und Nachfolgeversion miteinander verknüpft, so dass auch der Shoplink (und damit die Bestellmöglichkeit) automatisch weitergeleitet wird von der alten auf die neue Version.

Sie können neben Ihrer eigenen ISBN eine zweite Epubli-ISBN dem Werk zuweisen. Dann ist die Lagerung (ab 25 Stück) möglich. Epubli gibt dann das

Werk mit Epubli-ISBN im Verzeichnis Lieferbarer Bücher und bei Amazon an. Das wiederum ist von Vorteil, kostet aber weitere 14,95 Euro. Denken Sie daran, dass Sie inhaltliche Änderungen (z.B. Korrekturen oder Erweiterungen) am Werk nur mit neuer Epubli-ISB-Nummer vornehmen können. Kostet noch einmal 14,95 Euro.

Selbst wenn ein Print-Titel bereits als eBook veröffentlicht ist, wird die Option „eBook veröffentlichen" angeboten. Das verwirrt.

Im Überblick über Verkäufe und Einnahmen (myaccount/statistics) wird zur epubli-eigenen Produktionsnummer nicht mitgeteilt, ob es sich um die Print-, die PDF- oder die ePub-Version handelt.

Die Service-Hotline ist gleich am Telefon, freundlich und kompetent, aber nur von 9 bis 16 Uhr erreichbar. Selfpublisher dürften eher in den frühen Abendstunden und am Wochenende arbeiten. Da fehlt einem dann der Ansprechpartner.

Sucht man in der Epubli-Suchfunktion unter dem Buchtitel ein Buch, erscheinen beispielsweise bei mir nur die ePub-Version, nicht die Print- und nicht die PDF-Version. Die Print-Version muss über meinen Namen gesucht und gefunden werden.

Books on Demand (BoD)

Es ist auf Dauer lästig, eingehende Buchbestellungen selbst versenden zu müssen. Der BoD-Verlag (Books on Demand) in Norderstedt verspricht Abhilfe. Er erregte mein Interesse, weil er anbietet, sich nicht nur um den Versand (das machen Epubli und Tredition auch) zu kümmern, sondern sich auch um die Einbettung des Buches im eBook-Format bei Amazon.de, Libri.de, Apple i-Bookstore, Thalia, Buch.de, Spiegel.de, Amazon Kindle-Store, Hugendubel usw. zu kümmern. Tredition kümmert sich ebenfalls um das Erscheinen meines Buches in allen internationalen Buchhandelsplattformen. Doch zunächst zu BoD. BoD bietet insgesamt vier Varianten:

- „BoD E-Book" ist nur für die Verbreitung von eBooks und kostet nichts;
- „BoD Fun" ist für den Druck von Büchern zum privaten Gebrauch ohne ISBN und ohne Verbreitung; kostenlos, aber der Buchdruck kostet natürlich was. Dieses Angebot ist gut geeignet für Probedrucke. Später kann man sehr einfach die nächste Stufe „BoD Comfort" wählen.

- „BoD Classic" bündelt Buchdruck mit eBook und sorgt mittels BoD-eigener ISBN für nationale und internationale Verbreitung (19,00 Euro einmalig) (vor März 2014 zusätzlich 1,99 Euro pro Buch und Monat; wurde abgeschafft);
- bei „BoD Comfort" wird Ihnen zum Pauschalpreis von 249 Euro gezielt geholfen.

Alle bei BoD veröffentlichten Bücher werden bei den Großhandelskatalogen Libri, Umbreit, KNV und dem Schweizer Buchzentrum gelistet (außer beim kostenlosen Angebot BoD *Short* und *Fun*). Wie Epubli bietet BoD verschiedene Druckformate, verschiedene Papiersorten und unterschiedliche Bindungen an. Beide haben Kostenkalkulatoren auf ihren Internetseiten.

Der Verlag geht von einem zu druckenden Buch aus, die kostenlose (!) Konvertierung in die gängigen eBook-Formate kommt in einem zweiten Schritt. In der Eigenwerbung heißt es, BoD sichere die optimale Darstellung Ihres eBooks auf bedeutenden Readern. Das Vertriebsnetz scheint schlagkräftig zu sein. BoD kooperiert, so heißt es, mit allen großen eBook-Shops im Internet. Der eBuch-Vertrieb wird verschlüsselt; niemand kann Ihren Titel unautorisiert verbreiten oder nutzen (das ist bei PDF-Dateien nicht der Fall, deswegen rate ich davon ab). BoD kümmert sich auch um die notwendigen Preisvorgaben und die damit einhergehende Preisbindung.

Ich war also irgendwann an den Punkt gekommen, wo mich meine eigenen Marketinganstrengungen frustrierten und ermüdeten, und ich hatte die Hoffnung, dass mir BoD einige Arbeit abnimmt. Schon Tausende von Autoren haben ihr Buch bei BoD verlegt.

Zunächst einige allgemeine Hinweise. BoD bietet mehrere Varianten der Übermittlung an. Die eine geht direkt aus Ihrer Word-Anwendung mittels eines BoD-Druckertreibers, die andere ist die Übermittlung als selbst erstellte PDF-Datei.

1. Möglichkeit: Der BoD-„easyPrint"-Druckertreiber übernimmt für Sie die Konvertierung Ihres Manuskriptes in eine druckfähige PDF-Datei, und zwar direkt aus Ihrer jeweiligen Anwendung heraus (Download des Druckertreibers unter http://www.bod.de/hilfe-druckvorlagen.html). EasyPrint gibt es für Windows und für Mac.
2. Möglichkeit: Wenn Sie selbst PDF-Dateien erstellt haben, können Sie diese auch über Ihren myBoD-Account im Buchprojekt übertragen. Achtung: Die Überführung Ihres Dokumentes in eine PDF-Datei soll offenbar nur

über *Adobe Acrobat* (nicht über andere PDF-Konvertierer wie z.B. PDFWriter) erfolgen.

Auf Ihrem Rechner muss dazu (1. Möglichkeit) die Vollversion der kostenpflichtigen Software Adobe Acrobat ab Version 9 installiert sein. Adobe bietet „Acrobat X Pro" in einer 30-tägigen Testversion an. Nach dem erstaunlich langwierige Download-, Extraktions- und Installationsvorgang mit Hilfe einer neuen oder bestehenden Adobe-ID abgeschlossen ist, können Sie die Software benutzen. Wandeln Sie wenn gewünscht die installierte Testversion in eine uneingeschränkte Vollversion um, indem Sie das Produkt kaufen und die Seriennummer eingeben. Sie können diesen Schritt jederzeit während oder nach Ablauf des Testzeitraums ausführen. Adobe X Pro kostet 18,44 Euro pro Monat (mindestens 12 Monate Laufzeit), Adobe X Standard 14,75 Euro (Stand Oktober 2014). Bei Amazon werden Vollprogramme ab 100 Euro angeboten, deren Herkunft teilweise unklar ist.

2. Möglichkeit: Der neuere, kostenlose Adobe-*Reader* bietet ein CreatePDF-Tool an, mit dem Sie einzelne DOC-Dateien in PDF konvertieren können (https://www.acrobat.com/createpdf/de_DE/ho-me.html). Dazu benötigen Sie wieder die Adobe-Identifikation (Adobe-ID). Nach einer Probierzeit von 30 Tagen ist der Service kostenpflichtig (92,24 Euro pro Jahr oder 9,21 Euro für einen Monat). Sie können Ihr Abonnement auf der Seite *Meine Abonnements* auf Adobe.com ändern oder kündigen. Für Abonnements, die während der ersten 30 Tage gekündigt werden, erhalten Sie eine vollständige Rückerstattung.

Als Bezahlmittel werden nur Visa- und Master-Card akzeptiert (keine EC-Karte, kein Bankeinzug, kein PayPal, kein AmEx). Auf einigen Adobe-Seiten werden auch Bankeinzug und PayPal als Zahlmöglichkeit erwähnt, das gilt aber offenbar nicht für „CreatePDF". Um ihre Bestellung telefonisch aufzugeben, wenden Sie sich an Adobe-Direct-Sales unter 0800 7522580, Montag bis Freitag von 9.00 bis 17.00 Uhr.

Benutzen Sie zum Downloaden nach BoD nicht die Makros der Word-Menüleiste zum Konvertieren, sondern rufen Sie das Adobe-Vollprogramm auf, sonst werden die Vorgaben möglicherweise nicht ausreichend erfüllt. Andere PDF-Umwandlungsprogramme einschließlich der Word-eigenen „Dateityp"-PDF-Funktion klappen offenbar nicht.

Ich arbeitete von Word aus mit einem kostenlosen PDF-Umwandler, was zumindest für die Übermittlung des Covers nicht funktionierte. Mit Adobe Acrobat klappte es dann. Leider wies mich BoD in meinen Nachfragen nicht darauf hin. Das kostete mich mehrere Stunden vergebliche Mühe. Das gibt einem Minuspunkt.

3. Möglichkeit: Papiervorlagen werden von BoD gescannt und dann in eine elektronische Druckvorlage überführt.

4. TIF-Dateien werden ausschließlich als Druckvorlage für den Umschlag und nicht für den Buchblock akzeptiert. In jedem Fall sollten Sie schon beim Entwurf eine Auflösung von 300 dpi berücksichtigen.

BoD-ISBN

Bevor Sie das Cover erstellen, muss die Sache mit der ISB-Nummer geklärt werden.

1. Möglichkeit: Sie wollen nur für sich ein Buch ohne ISBN oder mit eigener ISBN und kümmern sich selbst um die Vermarktung. Dann wählen Sie *BoD Fun*.

2. Möglichkeit: Sie wollen (wie ich) BoD mit der Vermarktung beauftragen. Bei *BoD Comfort* erhalten Sie eine von BoD vergebene ISB-Nummer. Diese ISBN wird 90 Tage lang für Sie reserviert. Wenn nach Ablauf dieses Zeitraums kein Auftrag für Ihr Buchprojekt abgeschlossen wurde, wird die ISBN zurückgezogen. Sie haben aber die Möglichkeit jederzeit eine neue ISBN anzufordern. Die ISBN muss auf dem Umschlag und im Impressum abgedruckt werden. Gleichzeitig sind Sie verpflichtet, BoD als Verlag im Impressum zu nennen, zum Beispiel:

Herstellung und Verlag:

Books on Demand GmbH, 22848 Norderstedt

ISBN 978-3-8448-0772-1

Auf Knopfdruck wird die ISBN als Barcode im TIF-Format bereitgestellt. Diese Grafikdatei fügen Sie auf dem Rückumschlag (Seite U 4) ihres eigenen Buches ein, damit Ihr Buch an Scanner-Kassen eingelesen werden kann. Dies ist die Voraussetzung für einen flächendeckenden Vertrieb Ihres Buches im Onlinebuchhandel. Sie benötigen hierfür auf Ihrer Umschlagrückseite ca. 3 x 4 cm Platz. Benutzen Sie die Umschlags-Vorlagen von BoD, fügt BoD die ISBN selbständig auf der Cover-Rückseite ein.

Bei allen Titeln mit BoD-ISBN ist BoD als Verlag verpflichtet, der Landesbibliothek und der Deutschen Nationalbibliothek (DNB) je ein Exemplar zur Verfügung zu stellen. Die Anzeige innerhalb des DNB-Katalogs kann bis zu zwei Wochen dauern. Die Archivierung bei der DNB erfolgt digital. Das Buch wird im DNB-Katalog daher als „elektronische Ressource" gelistet.

Die BoD-ISBN ist nicht zu verwechseln mit der BoD-Nummer in Form eines Barcodes. Dieser Barcode auf der Rückseite des Covers ist verpflichtend. Speichern Sie die automatisch angebotene Barcode-Grafik und integrieren Sie diese im unteren Bereich auf der Rückseite Ihres Covers. Die Größe sollte etwa 4 x 2 cm betragen. Wenn Sie im Rahmen des Cover-Uploads BoD easyCover verwenden, wird der Barcode automatisch in Ihr Cover integriert.

BoD-Buchumschlag

Die einfache Variante ist, man verwendet die BoD-eigenen Buchumschlagsvorschläge. Davon gibt es zwar nur zwei Dutzend, aber sie ersparen einem eine Menge Arbeit. Man gibt an den vorgegeben Stellen Titel, Untertitel, Autorennamen und Kurzbeschreibung ein, lädt ein oder zwei passende Bilder hoch und fertig ist die Laube. Die Texte können in Schriftart und Schriftgröße nicht verändert werden. Manchmal ist der BoD-Server unzufrieden mit der Bildauflösung. Da ich nicht weiß, wie man ihn befriedigen kann, lasse ich alles so stehen.

Die masochistische Alternative geht so: Es gibt auf den BoD-Seiten einen Buchumschlagsrechner, der Ihnen in Millimetern Breite und Länge des Gesamtcovers angibt. Dazu müssen Sie die genaue Seitenzahl ihres Werkes kennen und diese Zahl im Originaldokument auf eine durch 4 teilbare Seitenzahl erweitern. Gehen Sie zum Coverrechner, der bei BoD unter *Buch veröffentlichen / Buchgestaltung / Umschlagsberechnung* zu finden ist. Nehmen Sie die Gesamthöhe und Gesamtbreite mit Beschnittrand.

Anhand der Berechnung erstellen Sie eine einzige Datei mit Vorder- und Rückseite und dem Buchrücken nach den BoD-Größenangaben in Millimetern. Technisch ist das eine elende Fummelei. Sie müssen viel rechnen und die Vorderseite, den Buchrücken und die Rückseite millimetergenau einpassen. Das ist bei Epubli wesentlich eleganter und einfacher gelöst und ergibt für BoD einen zweiten Minuspunkt.

BoD empfiehlt für die Covergestaltung die Programme Word und InDesign. In Word erstellte Cover können entweder mit dem BoD-eigenen Treiber easyPrint direkt zu BoD hochgeladen werden (der Treiber wählt sich automatisch in die BoD-Plattform ein). Oder Sie wandeln das Cover in eine PDF-Datei um und laden hoch. Das Hochladen geht dann ziemlich reibungslos, aber Sie erhalten bei Word voraussichtlich die Fehlermeldung, dass die Seitengröße nicht stimmt und dass die Bilder eine zu geringe Auflösung besitzen.

Die Seitengröße: Beim Druck mit easyPrint ist es erforderlich, dass das Papierformat nicht nur in Word, sondern auch in den Druckereinstellungen hinterlegt werden. Im Druckdialog ruft man dazu die „Druckereigenschaften" auf und legt darin ein passendes Papierformat an. Aber hinterlegt sind nur Standardformate für Buchblöcke. Dieses benutzerdefinierte Papierformat muss dann für den Druck ausgewählt werden.

Da meine eine hohe Auflösung haben, schien mir die Fehlermeldung rätselhaft. Die Einbindung von Bildern kann in Word wie folgt unkomprimiert erfolgen:

Datei -> Optionen -> Erweitert -> Bildgröße und -qualität und Haken setzen bei der Option *Bilder nicht in Datei komprimieren.* Bitte berücksichtigen Sie, dass die Bilder in der Druckvorschau eine verminderte Auflösung haben.

Das Programm InDesign wiederum ist reichlich teuer und nicht für lediglich ein oder zwei Buchprojekte geeignet.

Eine andere Lösung besteht offenbar darin, die DOC-Datei mit Adobe Acrobat (9 und höher) in eine PDF-Datei umzuwandeln und mit keinem anderen Programm. Mit Adobe Acrobat jedenfalls funktionierte der Upload letztendlich. Zuvor kamen noch diverse Fehlermeldungen und Zurückweisungen, unter anderem zur fehlenden Einbettung von Schrifttypen.

Die angeblich fehlende Einbettung von Schriften war auch wieder so ein Ding, für das BoD den dritten Minuspunkt erhält. Eine Fehlermeldung lautet: „Es sind nicht alle Schriften eingebettet. Die folgenden Schriften fehlen: ArialItalicMT, ArialMT, TimesNewRomanPS-ItalicMT, TimesNewRomanPSMT. Wir empfehlen die Verwendung des PDF/x3 Standards, der für die Schrifteneinbettung garantiert."

Ich schaue mehr intuitiv als gezielt bei Adobe Acrobat (welches ich vorher unter Mühen aufgespielt hatte) unter *Bearbeiten / Voreinstellungen* nach, was unter *In PDF konvertieren* und dort unter *MS Office Word* angeboten wird.

Dort *Einstellungen bearbeiten ...* öffnen und *Standard* ersetzen durch *PDF/X-3*. Erneut *Bearbeiten* drücken und dort unter *Schriften* nachschauen, ob alle Schriften eingebettet sind. Und hier finden sich auch jene Schriftarten, die BoD als eingebettet verlangt, ich aber gar nicht in meinem Dokument verwendet hatte! Also füge ich die gewünschten Dateien zu *Immer einbetten* hinzu. Unter *Erweitert* klicke ich vorsichtshalber *Adobe PDF-Einstellungen in PDF-Datei speichern* an. Das alles ergibt zwar keinen Sinn, aber beim erneuten Versuch wurde die Datei erfolgreich übertragen. Wieder benötigte ich mehrere Stunden, bis es klappte. Bei BoD jedoch finden Sie keinen Hinweis auf die notwendigen Einstellungen. Vierter Minuspunkt.

Das Aufspielen der Adobe-Acrobat-X-Testversion gelang nur auf meinem Windows-Laptop. Es funktionierte nicht mit der Windows-Plattform, die ich mit Hilfe des Programms *Parallels* auf meinem Apple iMac betreibe.

BoD akzeptiert auch TIF-Dateien. Ich versuchte die Konvertierung in eine TIF-Datei mit GIMP. Doch da spielte GIMP nicht mit; diese Variante funktionierte bei mir nicht.

Weiterer Versuch mit *OpenOffice*. Das aus Word übernommene Cover wird falsch dargestellt. Um es zu korrigieren, müsste man sich in OpenOffice einarbeiten. Ein ganzes Programm neu lernen, nur um ein simples Cover zu BoD hochzuladen, was angeblich kinderleicht von Word aus gehen soll? Das ist zu viel der Zumutung.

BoD-Buchblock

Falls Sie es trotz all der Hindernisse versuchen wollen: Nehmen Sie sich 2 Stunden Zeit und lesen Sie zunächst die BoD-Hinweise zum Buchaufbau auf http://www. bod.de/buchaufbau.html sowie die Antworten auf die häufigste Fragen unter http://www.bod.de/hilfe.html. BoD stellt ein hilfreiches Infopaket bereit, dass Sie bestellen oder als PDF-Datei herunterladen können: http://www.bod.de/infopaket-bestellen.html.

Sie haben also einen fertigen Text. Der Seitenumbruch ist bereits erfolgt, die Seitenzahlen stehen richtig, die Schriften und Bilder sind eingebunden, das Impressum ist eingefügt, der Werbetext geschrieben etc. Erweitern Sie die Seitenzahl des Buches (ohne die Umschlagseiten U1 bis U4) auf eine durch 4 teilbare Seitenzahl.

Evtl. erhalten Sie beim Hochladen zu BoD weitere Fehlermeldung über nicht eingebettete Schriften. Gehen Sie zum Word-Dokument zurück und schauen Sie unter *Datei / Optionen / Speichern* nach, was bei „Genauigkeit beim Freigeben dieses Dokuments" angekreuzt ist. Ein Häkchen muss stehen bei „Schriftarten in die Datei einbetten" sowie „Nur im Dokument verwendete Zeichen einbetten", *nicht* jedoch bei „Allgemeine Schriftarten nicht einbetten"! Diese Optionen gibt es übrigens bloß in der Windows-Version von Word. In der Mac-Version suchte ich derartige Features vergeblich.

Auf der hilfe.html-Seite erfahren Sie, dass BoD mit den üblichen Knebelverträgen arbeitet: „3.7. Durch das Einstellen von Inhalten auf BoD-Webseiten durch den Kunden räumt dieser BoD das räumlich, zeitlich und inhaltlich unbeschränkte, unwiderrufliche, nicht-ausschließliche und unentgeltliche Recht zur weltweiten Nutzung und Verwertung dieser Inhalte ein (Lizenz). Dies umfasst insbesondere auch das Recht zur Bearbeitung, Veränderung, Weiterentwicklung, Vereinigung, Herstellung abgeleiteter Werke, Wiedergabe, Vervielfältigung, Übersendung, Weitergabe, Veröffentlichung, öffentlichen Zugänglichmachung sowie zur Übertragung der Nutzungsrechte auf Dritte und zur Unterlizenzierung an Dritte jeweils ohne Anspruch auf Vergütung und unabhängig davon, ob dies zu kommerziellen, nicht kommerziellen oder sonstigen Zwecken erfolgt." Oder: „8.1. BoD behält sich das Recht vor, von Kunden eingestellte Inhalte ohne Angabe von Gründen von den BoD-Webseiten zu entfernen." Was dies im konkreten Streitfall bedeutet, kann ich nicht sagen.

BoD hat das Vervielfältigungs-, Vermarktungs- und Verbreitungsrecht an Ihrem BoD-Titel. Ein Buchprojekt ist bei BoD nicht einfach löschbar. Erst nach Ablauf der Erstlaufzeit kann der Buchvertrag von beiden Vertragsparteien gekündigt werden. „BoD-Fun" allerdings kann von beiden Seiten jederzeit zum Monatsende gekündigt werden.

Der Ladenpreis in der Vertriebsform eBook wird von BoD vorgeschlagen. Möchten Sie Ihr Buch *nicht* als eBook veröffentlichen, deaktivieren Sie diese Option. Die Umwandlung in ein eBook ist bei BoD erfreulicher Weise kostenlos. Das gibt einen Pluspunkt.

Lassen Sie Ihre Leser bereits vor dem Kauf online in Ihrem Buch blättern! Ermöglicht wird dieses Angebot durch Amazons „Blick ins Buch", Google Buchsuche und Libreka. Interessierte können auf diese Weise einzelne Passagen Ihres Werkes lesen, ohne Zugriff auf den vollständigen Inhalt zu haben, und werden so zum Kauf des Buches angeregt. Möchten Sie die Volltextsuche nicht in Anspruch nehmen, deaktivieren Sie diese Option.

Schlecht: Für eine Änderung Ihrer Kundendaten müssen Sie schriftlichen Kontakt mit dem Kundenservice aufnehmen. Ganz schlecht: Kleinere Überarbeitung von Inhalten oder Zweitauflagen scheinen nicht möglich.

Die Veröffentlichung eines eBooks ist immer gekoppelt an die Veröffentlichung eines Print-Titels. (Bis März 2014 mussten für das monatliche Daten- und Systemmanagement 1,99 EUR pro Print-Titel bezahlt werden.) Kosten für das eBook fallen nicht an.

Und so geht es bei BoD: Beginnen Sie mit dem Text-Layout erst, wenn Sie die Textkorrekturen abgeschlossen und Sie sich für ein Buchformat entschieden haben. Anschließend gehen Sie so vor:

1. Rufen Sie bod.de auf und drücken Sie *Neues Buchprojekt*.
2. Sie können wählen zwischen einem Privatdruck (*Fun*) und einem Buch für den Buchhandel (*Classic* oder *Comfort*). Ich verfolge die Option mit der BoD-Unterstützung für den Buchhandelsvertrieb. Ich wähle also BoD *Classic*.
3. Sie können selbst eine PDF-Datei Ihres Textes (Buchblock) erstellen oder es dem BoD-Druckertreiber überlassen.
4. Geben Sie die gewünschten Angaben ein. Voraussetzung ist, dass Sie einen Text mit einem Seitenlayout in der gewünschten Größe haben (z.B. DIN A5). Erst dann können Sie die Seitenzahl ablesen und in das BoD-Formular eintragen. Doch Vorsicht! BoD will eine durch 4 teilbare Seitenzahl. Ergänzen Sie Ihr Manuskript eventuell um leere Seiten, damit Sie auf eine durch 4 teilbare Seitenzahl kommen. Andernfalls erhalten Sie von BoD eine Fehlermeldung.
5. Thema ISBN: Ein Barcode auf der Rückseite des Covers ist verpflichtend. Wenn Sie BoD *easyCover* nutzen, wird der Barcode automatisch integriert. Wenn Sie Ihr eigenes Cover erstellen, müssen Sie die BoD-ISB-Nummer selbst als Bild in die Datei einfügen. Nutzen Sie für die Print-Version eine eigene ISBN, müssen Sie in der Auftragsstrecke bei Auswahl der e-Book-Option eine weitere eigene ISBN für das eBook bereitstellen. Da ich beschlossen hatte, mir helfen zu lassen, wähle ich die BoD-ISBN für die Druckausgabe.
6. Klicken Sie *Barcode generieren*. Die TIF-Datei erscheint als Download. Die Grafik muss jetzt auf der Umschlagrückseite eingefügt werden.

7. BoD gibt unter http://www.bod.de/buchaufbau.html Hinweise, wie die Titelei aussehen soll. Bei BoD-Titeln, für die eine ISBN über BoD bezogen wurde, muss es heißen: „Herstellung und Verlag: Books on Demand GmbH, Norderstedt". Bei Titeln mit eigener ISBN entfällt der Zusatz „Verlag". Ich setze die mir mitgeteilte ISBN als JPG-Bild ins Impressum.

8. Wenn BoD Sie zum Hochladen ihres Textes auffordert, geht das entweder mit der eigens erstellten PDF-Version oder direkt von Ihrem DOC-Text aus. Öffnen Sie also Ihre Textdatei und gehen Sie (in „Word") zu *Datei / Drucken /* Druckerauswahl *BoD easyPrint / Drucken*.

9. Es öffnet sich die BoD-Upload-Seite (evtl. müssen Sie sich vorher einloggen). Klicken Sie *Zum Upload* für den gewünschten Titel. BoD fragt dann, ob der Buchblock oder das Cover hochgeladen werden soll. Drücken Sie auf *Senden*. Nach erfolgreichem Hochladen können Sie den Buchblock kontrollieren. Wenn Sie zufrieden sind drücken Sie *Speichern*.

10. Erstellen Sie für das Cover eine Word-Datei in jenen Maßen, die auf der Seite „Upload mit easyPrint" unter „Umschlagberechnung Paperback" erschienen waren. Für eine digitale Druckvorlage des Buchumschlags (Cover) muss die Datei den genauen Maßen des Buches entsprechen und den kompletten Umschlag, d. h. Vorderseite, Buchrücken und Rückseite, umfassen. Bei einem DIN A5-Buch mit 60 Seiten Umfang beträgt die Gesamtbreite 30,99 cm und die Gesamthöhe 22,00 cm, d.h. einschließlich 0,5 cm Beschnittrand! **Achtung:** das heißt, Sie müssen für das dann tatsächlich gedruckte Cover 0,5 cm rundherum wegrechnen. Die Breite des Buchrückens wird in diesem Beispiel mit 0,39 cm angegeben. Stellen Sie die Größe ein mit *Seitenlayout / Größe / Weitere Papierformate / Benutzerdefiniertes Format*. Erstellen Sie eine schöne Vorder- und Rückseite, wie im Epubli-Kapitel „Buchdruck Schritt 3" beschrieben.

11. Laden Sie die PDF-Version Ihres Cover hoch oder nehmen Sie wieder *Datei / Drucken /* Drucker *BoD easyPrint* zu BoD. Sie werden zu BoD geführt. Wählen Sie ihr Projekt aus und nehmen Sie bei der Frage „Welches Dokument möchten Sie hochladen?" *das Cover*. Auf *Senden* klicken.

Die BoD-Druckqualität ist ebenso gut wie bei Epubli, das merkt man aber erst, wenn man die zwei Exemplare nebeneinander legt.

Hinweis: BoD bietet zwei Druckqualitäten an: Smartdruck und Brilliantdruck. Brilliantdruck ist natürlich besser, aber auch teurer. Ein Beispiel: Nehmen wir an, Ihr Buch soll im Laden 24 € kosten. Dann verbleibt bei Ihnen eine Marge von:

bei Smartdruck im Buchhandel 4,48 € (6,72 € bei Bestellung über BoD) und bei Brilliantdruck im Buchhandel 3,08 € (4,62 € bei Bestellung über BoD).

Korrekturen vornehmen

Die gedruckte Form hat oftmals eine ganz andere Anmutung als das Layout im Word Programm. Es ist deshalb zu empfehlen, erst einmal über „BoD Fun" das Buch hochzuladen und ein erstes Druckexemplar zu bestellen. Sie werden möglicherweise noch einmal Korrekturen vornehmen wollen.

Nachdem das geschehen ist, laden Sie die korrigierte Fassung unter „BoD Classic" hoch – mit den genannten Hinweisen zur BoD-eigenen ISBN. (Oder Sie nehmen erneut „BoD Fun", wenn es Ihr eigenes Buch mit eigener ISBN ist.)

Aber auch diese Fassung soll vielleicht korrigiert, überarbeitet oder ergänzt werden.

Achtung: Die Korrektur eines Buchtextes oder Covers mit BoD-ISBN wird wie ein neues Buch behandelt. Es müssen also erneut 19,00 Euro für die Einrichtung und die Katalogisierung des jetzt überarbeiteten Werkes bezahlt werden.

1. Gehen Sie in Ihr BoD-Konto und schauen Sie sich die Liste Ihrer „veröffentlichten Titel" an. Dort können Sie nur die Metadaten unkompliziert bearbeiten.

2. Wollen Sie eine korrigierte Fassung veröffentlichen, geht das nur über „Neuauflage". Das klingt so, als ob ein neues Buchprojekt gestartet werden soll, was ja eigentlich nicht so richtig der Fall ist, aber von BoD so betrachtet wird. Wenn Sie auf „Neuauflage" klicken, erscheinen aber die Ihnen bekannten Daten zum Buch. Diese überprüfen Sie jetzt.

3. **Achtung**: Unter „ISBN und Barcode" nehmen Sie „Ihre ISBN der vorigen Auflage". Wenn Sie im Rahmen des Cover-Uploads BoD easyCover verwenden, wird der Barcode automatisch in Ihr Cover integriert. „Speichern" bzw. „Weiter".

4. Überprüfen Sie die Metaangaben. Auch hier können Korrekturen vorgenommen werden.

5. Laden Sie dann den korrigierten Buchblock hoch, der natürlich als PDF auf Ihrer Festplatte vorhanden sein muss. Das Hochladen eines 200-Seiten-Buches dauert etwa fünf Minuten. (Das geht bei BoD jetzt schneller als noch vor einigen Jahren.) Eventuell werden Fehler gemeldet. Schauen Sie sich den Prüfbericht und die Druckvorschau an.

6. Ihr eigenes Cover hochladen oder „EasyCover" benutzen. Bei EasyCover finden Sie bereits Ihren Autorennamen, den Titel und den Aufreißer-Text auf dem Cover-Entwurf. Fügen Sie ergänzenden Text in die vorgesehenen Textblöcke und ein Bild ein, falls nötig. Rechts auf der Seite befindet sich ein Schiebeschalter; damit können Sie das Cover vergrößern. – Rechts oben rot unterlegt: „Fertig".

7. Auf der nächsten BoD-Seite können Sie – falls nötig – Buchblock und Cover erneut anschauen oder erneut hochladen. Wenn Sie zufrieden sind, geben Sie beides frei.

8. Überprüfen Sie Ihre Adresse und die Kontodaten. Schließen sie zahlungspflichtig den Vertrag ab. **Achtung**: Sie müssen eine erneute Einrichtungsgebühr von 19,00 Euro zahlen.

9. Falls gewünscht, bestellen Sie Ihr eigenes Buch. Der Versand dauerte bei mir vier Werktage. Die Bücher werden einzeln eingeschweißt geliefert. Sie erhalten zusätzlich eine Mail, dass das Buch „freigeschaltet" ist.

Wichtig: Sobald Sie die neuen Daten hochgeladen haben, stehen Text und Cover sowohl Ihnen als auch dem Buchhandel (beispielsweise Amazon oder Google-Books) in der *neuen* Fassung zur Verfügung. Also nicht davon verwirren lassen, dass es einige Tage, manchmal 14 Tage dauert, bis die neuen Daten auf den Buchhandels-Internetplattformen sichtbar werden.

Hinweis: BoD unterscheidet die „Freigabe" von der „Katalogisierung". Freigabe bedeutet, dass die Daten gut auf dem BoD-Server gelandet sind. Katalogisierung bedeutet, dass die Metadaten im Verzeichnis Lieferbarer Bücher (VLB) eingepflegt wurden. Das kann gut 5 bis 7 Tage dauern. Amazon, Google-Books etc. übernehmen Daten auch aus der Katalogisierung,. Das kann gut 14 Tage dauern. Darauf hat BoD keinen Einfluss.

Das heißt, in dem Moment, in welchem Sie die Daten zu BoD hochgeladen haben und gleich anschließend jemand über beispielsweise Amazon dieses

Buch bestellt, erhält er bereits die *neue* Version, selbst wenn bei Amazon noch die alte dargestellt wird! Also nicht nervös machen lassen.

Die Buchhandels-Bestellung eines BoD-Buches wird von BoD innerhalb von 24 Stunden abgewickelt. Wie lange es dauert, bis das Buch tatsächlich beim Kunden ist, kann variieren. Der Buchhandel muss das Buch in den Versand geben, und dann ist noch die Laufzeit des Buchpakets zu berücksichtigen. Eine DHL-Paket kann manchmal schon am nächsten Tag beim Kunden sein, manchmal dauert es aber auch 8 Tage. Auch darauf hat BoD keinen Einfluss.

Tredition

Unter ww.buchveroeffentlichen.com gab es mal eine Seite „Books-on-Demand-Anbieter im Überblick". Auf dem Selfpublishing-Markt tummeln sich ja bereits viele Anbieter. Es lohnt sich, gut zu vergleichen und zu analysieren, welche Dienstleister Ihre Bedürfnisse am besten unterstützt.

Auf buchveroeffentlichen.de wurden Anfang 2017 zehn Anbieter vorgestellt. Auf einen von ihnen, Tredition.de, möchte ich etwas näher eingehen. Tredition sorgt nicht nur für den Druck, sondern auch für den Buchhandelsvertrieb durch Listung in diversen Buchkatalogen.

Tredition richtet sich sowohl an Autoren als auch an Buchverlage. Buchverlage können ihre Angebote auf dem Selfpublishing-Portal von Tredition bewerben. Das Angebot für Autoren reicht von Pressearbeit für jedes Buch über Social-Media-Kanäle, die Informationen für Buchhändler bis zum zur Auffindbarkeit in Suchmaschinen.

Die Vorlagen für den Buchumschlag sind vielfältig und sehr ansprechend, ansprechender als beispielsweise bei BoD. Tredition hilft auch bei der Gründung eines eigenen Verlags mit eigener ISBN und eigenem Verlagsnamen. Tredition übernimmt die Veröffentlichung und Listung im Buchhandel, die Herstellung der Bücher und den Buchhandelsvertrieb. Pro verkauftem Exemplar erhält man dann eine Marge, deren Höhe natürlich durch den Verkaufspreis des Buches beeinflusst wird. (Mit eigener ISBN und Verlagsnamen ist eben der eigene Verlag gemeint). Das Angebot nennt sich Your-Books.

Die **Kosten** der Veröffentlichung richten sich danach, was man wählt: Entweder Kauf von 35 eigene Exemplare oder 149,90 € einmalig. Hinzu kommt eine einmalige Einrichtungsgebühr von 79,90 € für die VLB-Listung. Diese Listung können Sie auch selbst vornehmen, wenn Sie einen eigenen Verlag haben und bei VLB Kunde sind.

Beispielrechnung für den Druck eines Buch im Format 17x24 cm und einer Gesamtseitenzahl von 272 (muss durch vier teilbar sein): Daraus ergibt sich bei Tredition ein Ladenpreis von 12,99 € für Paperback, 20,99 für Hardcover und 2,99 für das E-Book. Die Margen für den Vertrieb über den Buchhandel liegen dann bei 0,70 €, 1,10 € und 1,00 Euro. Das ist nicht viel.

Bei Laden-Preisen von 13,99, 26,99 und 5,99 (jeweils Paperback, Hardcover und E-Book) erhöhen sich die Margen im Handel auf 1,09, 3,40 und 2,01 €. Dieses Geld wird monatlich ausgezahlt.

Eine kostenlose Neuauflage gibt es bei Tredition offenbar nicht. Jedes Buch muss neu konvertiert werden, was natürlich Kosten verursacht.

Hier noch einmal im Vergleich für Buchblock 272 Seiten und Format 17,0 x 24,0 cm:

Tabelle 2: Margen im Vergleich BoD-Tredition

	Ladenpreis für Ihr Buch (inkl. MwSt.)	Ihre Provision bei Direktbestellung bei der Online-Plattform o. MwSt.	direkt im Handel o. MWSt.
Tredition Paperback	15,99	4,12	1,86
BoD Paperback	15,99	6,50	4,33
Tredition Hardcover	25,99	8,06	3,02
BoD Hardcover	25,99	7,76	5,17
Tredition eBook	5,99	3,77	2,01
BoD eBook	5,99	3,62	2,29

Erläuterung: Die wenigsten Interessenten kaufen Bücher direkt von einer Online-Buchdruckplattform. Man könnte aber versuchen, Interessenten mit einem Link dorthin zu locken. Die Margen (auch Honorare oder Tantiemen genannt) sind dort deutlich höher. In der Regel wird aber über den Buchhandel bestellt.

Eine weitere Kostengegenüberstellung:

	BoD Fun	Tredition
Format	15,5x22,0 cm	15,5x22,0 cm Sonderformat
Buchblock	236 S.	236 S.
Hardcover	Ja	Ja
Papier	cremeweiß 90 Gramm	chamoix 90 Gramm
Ladenverkaufspreis	23,00	23,00
Kosten Buchdruck	1.-24. Ex. je 12,73 € incl. MWSt.	1.-10- Ex. je 16,29 € incl. MWSt.
einmalige Kosten	19,00 € Einrichtungsge-bühr	149,00 € Gebühr **oder** Kauf von 35 Ex. ca. 500,00 €
Sonderkosten		Tredition übernimmt den VLB-Eintrag zu einmalig 79,00 €

CreateSpace

Seit 2014 können deutsche Autoren „CreateSpace" von Amazon benutzen. Das ist eine weitere schöne Möglichkeit, Bücher zu veröffentlichen. Darum geht es in diesem Kapitel. Die *CreateSpace*-Seite ist ausschließlich englisch (es gibt aber inzwischen deutschsprachige Hilfe in Form von PDF-Dateien).

CreateSpace ist eine Book-on-Demand-Druckerei und zugleich ein Vertrieb mit dem unschätzbaren Vorteil, dass die Weltfirma Amazon dahintersteckt und einen kostenlosen Vertrieb Ihrer Bücher anbietet! Der Nachteil: Ihre Bücher sind für deutsche Buchhandlungen nicht auffindbar weil nur bei Amazon sichtbar. Und noch ein Punkt spricht gegen CreateSpace: die amerikanische Steuerbehörde. Sich dort anzumelden ist umständlich.

CreateSpace ermöglicht Ihnen – so der Werbetext – zu einem Bruchteil der Kosten herkömmlicher Vertriebskanäle die On-Demand-Veröffentlichung von Büchern, DVDs und CDs. Mit CreateSpace erhalten Privat- und Kleinverleger die Kontrolle über die Verbreitung ihrer Bücher, Musik oder Videos. Sie können ganz leicht und ohne Kosten für Lagerbestände Ihre Werke über Internet-Shops, eigene Webseiten, sowie andere Buchläden, Händler, Bibliotheken und Lehranstalten vertreiben. Soweit der Werbetext.

Mit CreateSpace können Sie Ihre Printbücher (aber z.B. auch Musik-CDs) direkt über die europäischen Amazon-Internetseiten vertreiben, einschließlich Amazon.co.uk, Amazon.de, Amazon.fr, Amazon.es und Amazon.it. Zudem bietet CreateSpace flexible Tantiemenoptionen. Sie können ganz einfach direkte Einzahlung in den USA oder Europa wählen und in US-Dollar, britischen Pfund oder Euro ausbezahlt werden – ganz nach Wahl (https://www.create space.com/international? ref=822525&utm_id =6002).

Gehen Sie zu https://www.createspace.com/ und richten Sie ein Konto ein unter *Sign up*. Das Kindle- oder Amazon-Konto geht nicht! Sie können aber bei der Neueinrichtung des Accounts dieselbe Emailadresse und dasselbe Passwort wie Kindle oder Amazon benutzen. Geben Sie die erforderlichen Angaben ein; „Deutschland" finden Sie unter „Germany". Akzeptieren Sie die Geschäftsbedingungen. Sie erhalten zwei oder drei Emails an Ihre Emailadresse. Bestätigen Sie Ihre Emailadresse.

Gleich die erste Email versucht die Zahlungsmodalitäten zu regeln. Wenn Sie außerhalb der USA leben und bei CreateSpace Ihr Buch veröffentlichen, müssen Sie in den USA Einkommenssteuer bezahlen, denn CreateSpace ist in den USA beheimatet. Wie viel die USA für Einnahmen deutscher Staatsbürger zurückhalten, ist nicht klar, es könnten 30 % Umsatzsteuer sein, aber auch weniger. Weitere Informationen dazu unter http://www.irs.gov/pub/irs-pdf/p515.pdf, wer es lesen und verstehen kann.

Die Zahlungsmodalitäten werden unter dem *Royalty Payment Profile* eingetragen: Land, Adresse usw. Sie können wählen zwischen Auszahlung auf ein Bankkonto (in Euro) oder Schecks in Währungen all jener Länder, in den Ihre Bücher (bzw. CDs oder DVDs) verkauft wurden. Für das Land Ihres Bankkontos wählen Sie natürlich Europa, und es poppen Eingabefelder für IBAN und *Swift Code* auf. Swift Code ist nichts anderes als BIC. Unter *Bank Account Type* können Sie zwischen *Checking* und *Saving* wählen, ich vermute, dahinter verbergen sich Girokonto und Sparkonto. *Name on Bank Account* ist wohl der Name Ihrer Bank.

Für den Vertrieb in Europa sind weitere Angaben nötig. Eine der Emails führt Sie zu *Enable Now*. Sie werden zum *Member Dashboard* geführt, die Übersichtsseite für Ihre CreateSpace-Aktivitäten. Dort steht auch Ihre siebenstellige Mitgliedsnummer sowie – was sonst keiner bietet – Ihre bislang aufgelaufenen Honorare auf einen Blick.

Anmeldung bei der US-Steuerbehörde

Die *US Tax Information* ist schwierig. Zunächst können Sie auch ohne diese Infos Ihr Buch hochladen und vertreiben. Nach einigen Monaten kommt ein dringendes Email-Anschreiben, man müsse jetzt unbedingt eine US-Steuernummer beantragen. Wenn Sie keine US-Steuernummer (TIN) haben, werden von Ihren CreateSpace-Einnahmen 30 Prozent einbehalten. Wenn Sie eine TIN beantragen, wird nichts (0 %) einbehalten und alles muss in Deutschland versteuert werden.

Es geht los mit einem „Tax Information Interview" (die entsprechende Seite wird Ihnen angezeigt). Zu unterscheiden ist grundsätzlich, ob Sie ein US-Amerikaner sind oder nicht. Rechts oben wird Ihnen angezeigt, wie weit Sie sich durch die Formalien durchgearbeitet haben (Stand September 2014).

Type of beneficial owner: Als Privatperson und alleiniger Autor wählen Sie „Individual". Für kommerzielle Verlage oder Literaturagenten wird es kompliziert. Ich konzentriere mich hier nur auf die Variante, dass Sie der Autor sind und auf eigene Rechnung arbeiten. Das wiederum setzt voraus, dass Sie über eine Steuernummer verfügen und bei einem deutschen Finanzamt registriert sind.

Doch zunächst weiter mit dem „Interview": „Place" ist natürlich Germany, und Sie haben (noch) keine US Tax Identification Number (TIN). Das Formblatt für „Individuals" hat die Nummer W-8DEN. Es sollte bereits mit Ihrem Namen und Ihren Adressangaben vorausgefüllt sein. Änderungen müssen innerhalb von 30 Tagen gemeldet werden.

Entweder Sie haben eine „Elektronische Signatur" in Ihrem Personalausweis aktiviert (dazu benötigen Sie ein Lesegerät und eine Online-Akti-vierung – hat in Deutschland noch fast niemand) oder Sie drucken das Formblatt aus und schicken es per Post in die USA. Das war's dann auch schon.

1. Starten Sie ein neues Projekt

Gefragt wird nach Titel, Untertitel (*Add Contributors* nur, wenn Sie nicht alleiniger Autor sind) usw. Sie können wählen, ob Sie eine kostenlose (!) CreateSpace-eigene ISBN nehmen oder Ihre eigene, sofern Sie einen eigenen Verlag gegründet haben (siehe nächstes Kapitel). Wenn Sie die CreateSpace-ISBN wählen, kann diese nicht mehr geändert werden. Sie können diesen Punkt auch erst mal überspringen.

Nachdem die ISB-Nummer vom System generiert wurde und von Ihnen an einem Ort gespeichert werden sollte, den Sie wiederfinden, werden Sie nach der Ausstattung des Buches gefragt. Es gibt nicht viele Varianten, aber die üblichen Auswahlmöglichkeiten. Unter anderem müssen Sie das Format festlegen. Gedruckt werden nur Paperbacks, gebundene Ausgaben sind nicht möglich.

Hier eine Beispielkalkulation: Ein Buch in der Größe B 13,34 cm x H 20,32 cm und 250 Seiten Umfang kostet als *Member Order* (also wenn Sie für sich selbst bestellen) im Druck pro Exemplar nur sagenhaft wenige 3,85 Dollar (ungefähr 2,80 Euro). Der Versand aus den USA beträgt je nach Lieferzeit zwischen 7,99 und 14,38 Dollar (5,80 bis 10,40 Euro) pro 1 Exemplar. Wenn Sie für sich selbst bestellen, zahlen Sie offenbar keine Steuer.

Ulrike Wolfring und Andreas Exner vom Stuttgarter Storyhouse Verlag geben interessante Einblicke in die Verlagskalkulation und haben die Plattform ausgiebig getestet (http://www.literaturcafe.de/createspace-von-amazon-sinnvoller-service-fuer-kleine-verlage/. Vom Netto-Verkaufspreis behalte CreateSpace 40 % ein, wenn nach Europa oder in die USA verkauft wird. Weiterhin werde ein Fixum für Druckkosten einbehalten sowie ein seitenzahlabhängiges Fixum von 0,012 Euro pro Seite. Der restliche Verkaufserlös wird an den Autor, den Verleger ausgezahlt. Bei einem Ladenpreis von 8,28 Euro würde Ihrem Verlag ein Bruttogewinn von 2,00 Euro bleiben (englisch *Royalities*). So viel sei mit keiner anderen Print-on-Demand-Plattform zu erreichen.

Nachteil: Das Einstellen in die deutsche Amazon-Plattform dauerte vor einiger Zeit zwei bis drei Wochen! Auf der US-Plattform geht es schneller, aber das dürfte deutsche Autoren und Verleger wenig interessieren, zumal bei Bestellung über US-Amazon.com die hohen Versandkosten hinzukommen. Die aus den USA stammenden Druckerzeugnisse sollen keine so gute Qualität haben. Die über Amazon.de vertriebenen Verkaufsexemplare haben nach allgemeinem Dafürhalten eine gute Beschaffenheit.

Weiterer Nachteil: In Deutschland sind gedruckte CreateSpace-Titel derzeit (April 2014) ausschließlich über amazon.de erhältlich, nicht über den übrigen Buchhandel.

CreateSpace verfügt über Titelblatt-Vorlagen, die man nehmen sollte, obwohl die Gestaltungsmöglichkeiten eingeschränkt sind. Die sogenannten Templates sind meist quietschbunt und unruhig, aber einige scheinen brauchbar. Nicht zu empfehlen ist die eigene Berechnung und Erstellung des Umschlags; das ist so unbefriedigend kompliziert wie bei BoD (während die beste Lösung dafür E-publi hat).

Es ist bei CreateSpace relativ mühsam, ein Buch im Voraus selbst zu kalkulieren. Bei Tredition, BoD und Epubli werden Sie ohne Umwege zu den Buchdruckkosten-Kalkulationsseiten geführt. Bei CreateSpace müssen Sie alles erst hochladen, einschließlich des fertigen Buchblocks, um Kosten und Tantiemen kalkulieren zu können.

Ein Trick besteht darin, auf die Seite https://www.createspace.com/Products/Book/# und dort zu *Royalities* zu gehen. Geben Sie dort die drei *Print*

Options ein, die Sie sich vorstellen. Geben Sie einen über den Daumen gepeilten Dollar-Verkaufspreis ein. Daran denken, dass das amerikanische Format einen Punkt (30**.**00), nicht ein Komma (30**,**00) verlangt! Der Preis in Euro wird automatisch angegeben, ebenso Ihre Royalities.

Die Preise für eine Eigenbestellung erfahren Sie auf der nächsten Seite: *Buying Copies*. Geben Sie die vier gewünschten Angaben ein. *Calculate*. Der Buchdruck (Achtung: nur Softcover!) ist sensationel niedrig.

2. Buchblock

Zunächst müssen Sie Ihre Ursprungsdatei auf das bei CreateSpace ausgewählte Format umbrechen und das Inhaltsverzeichnis entsprechend anpassen.

Achtung: Bei Büchern über 151 Seiten müssen bestimmte Seitenränder eingehalten werden. Klicken Sie in Word unter Format / Dokument auf „Gegenüberliegende Seiten" und geben Sie für innen = 2,0 cm (= 0,75 Zoll) und für außen mindestens 0,6 cm (= 0,25 Zoll) ein. Das sieht im Word-Layout zwar ziemlich kurios aus, scheint aber für CreateSpace korrekt zu sein. Die seltsamen Seitenrandvorgaben von CreateSpace führen im Druck zu einem recht schmalen Außenrand. Die vorgeschlagenen 6 mm als Mindest-Rand sollten Sie das nächste Mal ohne weiteres ein wenig erhöhen, beispielsweise 10 mm.

CreateSpace verarbeitet nicht nur PDF-, sondern auch DOC- und DOCX-Dateien. Das erspart die Konvertierung zu PDF. Nach dem Hochladen könne Sie das Ergebnis überprüfen. Sie beginnen jetzt möglicherweise einen Stunden dauernden Trial-and-Error-Prozess, denn immer, wenn der automatische Text-Check Fehler meldet, dürfen Sie erneut an Ihrem Text-umbruch rumfummeln und alles erneut hochladen. Vergessen Sie nicht, bei Änderungen immer „Gesamtes Dokument" anzuklicken!

Die maximale Buchseitenzahl scheint bei CreateSpace bei 400 zu liegen.

Möglicherweise hilfreich ist eine Word-Formatvorlage (*template*), die Sie herunterladen und in die Sie Ihren Text einpassen können. Selbst ausprobiert habe ich es nicht.

Tragen Sie vor dem Hochladen Ihre ISBN oder die von CreateSpace in das Impressum bzw. die Copyright-Seite ein – nicht auf der Rückseite; das macht CreateSpace für Sie! Wenn Sie den Online-Barcode-Generator von Tec-It verwenden, stellen Sie die DPI-Feinheit auf mindestens 200 ein (voreingestellt sind 96), sonst gibt es eine Fehlermeldung von CreateSpace.

Noch ein Nachteil: Informationen über die gewünschten Inhalte des Impressums sind versteckt oder fehlen. Es scheint sogar so zu sein, dass CreateSpace keine Copyright-Seite erfordert.

Dennoch sollte unbedingt ein Impressum Teil Ihres Buches sein. Am besten orientieren Sie sich an einem anderen Buch, das dem Ihren ähnelt.

Falls Sie als Verlag drucken lassen wollen, dann tragen Sie Ihren Verlag ein, nicht Createspace! Vom Verlag wird normalerweise eine gültige Adresse verlangt. Also den eigenen Namen oder die Adresse hinschreiben.

Falls Sie Autor sind: In diesem Fall ist CreateSpace der Verlag. Fügen Sie ein: Printed in Germany by Amazon Distribution GmbH, Leipzig.

Nachteil: Das Buch wird nicht im Verzeichnis lieferbarer Bücher und nicht in der Deutschen Nationalbibliothek gelistet. Folgender Satz darf also *nicht* im Impressum stehen: „Die Deutsche Nationalbibliothek verzeichnet diese Publikation in der deutschen Nationalbibliographie; detaillierte bibliographische Daten sind im Internet über http://dnb.d-nb.de abrufbar.“

Aber dieser Satz wäre angebracht: „All rights reserved. No part of this publication may be reproduced, stored in or introduced into a retrieval system, or transmitted in any form or by any means (electronic, mechanical, by photocopying, recording or otherwise) without the prior written permission of the publisher.“

Jetzt können Sie die Datei hochladen. Bei .doc- oder .docx-Dateien ist es mir passiert, dass der Buchblock beispielsweise 278 anstatt 271 Seiten hatte. Den Grund dafür sollte ich erst spät erfahren. Ich hatte keine Probleme mit dem Hochladen meiner .doc-Datei, aber PDF scheint die exaktere Variante zu sein. Wenn Sie PDF verwenden, dann über „Drucken“, nicht über „Speichern unter“.

„Bleed“ ist wichtig für Fotobücher, deren Bilder bis an den Rand gehen. Für Textbücher wählen Sie *Ends before the edge oft the paper*.

„Save“-Klick. Es folgt ein *Automatic Print Check,* ob alles soweit in Ordnung ist. Das kann einige Minuten (5–10 min.) dauern, da nicht nur die Datei hochgeladen, sondern diese auch auf Kompatibilität überprüft wird. Sie erhalten anschließend ein OK oder eine detaillierte Fehlermeldung. Bei Fehlermeldung (*issues*) klicken Sie auf *Launch Interior Reviewer* und dann *Get Started*. Gut: Es wird Ihnen genau gezeigt, woran es hapert. Checken Sie insbesondere die ersten zehn oder zwölf Seiten und die beiden letzten. Offenbar verlangt CreateSpace von Ihnen *nicht*, in Word den Seitenumfang auf eine durch vier teilbare Seitenzahl zu erweitern. Es wird automatisch aufgerundet.

Nach der Überprüfung klicken Sie auf „Änderungen einfügen" (*Get back and Make Changes*) oder auf „Fehlermeldungen ignorieren und sichern" (*Ignore Issues and Save*).

3. Buchcover

Sie haben drei Möglichkeiten: Vorbereitete Covervorschläge von CreateSpace, professionelle Hilfe (399 Dollar) oder eine eigene PDF-Datei. Von der eigenen PDF-Datei ist abzuraten; die Rechnerei ist zu fummelig und CreateSpace schiebt sich das Cover zurecht, so dass nicht der von Ihnen gewünschte Effekt zu erzielen ist. Für den Anfang sollten Sie *Build your own cover online* nehmen. Es gibt 30 Vorlagen. Wie bei BoD sind die Text- und Bildkästen nicht veränderbar.

Selbst hier bedurfte es mehrerer Versuche, bis das Cover endlich von CreateSpace akzeptiert wurde. Wenn Sie mit dem Ergebnis zufrieden sind, klicken Sie auf *Submit Cover* und dann *Complete Cover* und dann *Continue* .

Dann geht es zum *Complete Setup* und – wenn alles OK ist – zu *Submit Files for Review*. Es erfolgt eine Bestätigungsmeldung. Irgendwie wusste CreateSpace, dass ich bereits die Verbreitung über US-Amazon.com, Amazon Europa (einschließlich Amazon.de) und „CreateSpace eStore" gewählt (*selected*) hatte.

Library & Academic Institutions habe ich unter „Erweiterter Verteilung" nicht ausgewählt, sollten Sie aber vielleicht machen.

Interessant scheint *CreateSpace direct* zu sein, denn das soll Buchhändlern die Möglichkeit geben, das Buch im Kundenauftrag bei CreateSpace zu bestellen. Ob das auch für deutsche Buchhändler gilt, konnte ich nicht herausfinden. Da das Angebot kostenlos ist, habe ich es angewählt.

Eine noch größere Verbreitung ermöglicht offenbar der BISAC-Code der Book Industry Study Group BISG. Ihn zu beantragen ist eine Wissenschaft für sich. Ich habe erst einmal darauf verzichtet. – *Save and continue.*

4. Verkaufspreis

Ein Mindestverkaufspreis wird vorgegeben. Tragen Sie einen Preis in US-Dollar ein und drücken Sie *Calculate*. Es wird der Preis auch in Pounds und Euros berechnet, ebenso wie Ihr Honorar (*Royalty*) in den verschiedenen Versandarten und Orten. Sie werden freudig überrascht sein, wie hoch Ihr Honorar bei CreateSpace ist – im Vergleich zu Epubli oder BoD! Wie schafft CreateSpace das? Ein Grund sind die deutlich geringeren Druckkosten.

Achtung: Der Preis in Euro wird zwar mittel *Calculate* – ausgehend vom Dollar – angezeigt. Das ist aber noch nicht der Listenpreis in Deutschland bzw. den Euro-Ländern. In Deutschland kommen noch 7 % hinzu, in Großbritannien 0 % oder in Frankreich 5,5 %. Die Mehrwertsteuer ist in den verschiedenen Ländern ganz unterschiedlich, siehe http:// www.amazon.co.uk/ gp/help/customer/display.html?nodeId=502578. Wenn mein Buch also zum Beispiel bei Amazon für 19,90 Euro angeboten werden soll, muss ich bei der Preisgestaltung 18,60 eingeben (18,50 plus 7 % = 19,90 Euro).

Minuspunkt: Der Preis für die eBook-Variante ist nicht frei wählbar, sondern wird vorgegeben. – *Save and continue*.

Seltsamerweise wird noch einmal nach dem Cover gefragt: matt oder glänzend? – *Save and continue*.

Beschreibung: Hier wie auch sonst kommt es auf einen kurzen, knackigen Text an, der den potenziellen Leser neugierig auf das Buch machen soll. Sie haben 4000 Anschläge Platz, das ist recht viel. Geben Sie weitere Informationen an. Stichworte: Die bis zu fünf Schlagwörter müssen mit Kommata getrennt werden. – *Save and Continue*.

5. Überarbeitung

Wenn Sie denken, Sie sind damit durch, dann täuschen Sie sich. Möglicherweise werden Ihnen einige mehr oder minder schwerwiegende Formatfehler mitgeteilt, die sie korrigieren sollte. Es kann sein, dass auch Ihre korrigierte Fassung *issues,* also zu bearbeitende Punkte beinhaltet. Einer davon ist das Einbetten von Schriften. Über die Windows-Version von Word ist das kein Problem. Wenn Sie jedoch Word für Mac benutzen, so werden Sie feststellen, dass es hier keine Schrifteneinbettung gibt. Da ich Word auf Mac betreibe, gelang es mir nicht, die Schriften-Fehlermeldung, die den weiteren Verlauf allerdings nicht blockiert, zu beheben. Eine entsprechende Fehlermeldung von CreateSpace müssen Sie unter dieser Bedingung folglich ignorieren.

Ich habe sogar meine verwendete Schrift „Calibri" extra in die von CreateSpace vorgeschlagene Schrifttype namens „Avenir Next" umgewandelt und den Text erneut hochgeladen. Dabei ist etwas Merkwürdiges passiert. In der elektronischen Vorschau- und Überprüfungsfunktion zeigte sich „Calibri" und nicht „Avenir Next"! Ich habe es so stehen gelassen.

Jedenfalls muss nach jeder Text- oder Bildkorrektur im Textblock fast das gesamte Formatierungsprozedur erneut durchlaufen werden, selbst wenn Sie nichts ändern müssen oder wollen.

Innerhalb von 24 Stunden erhalten Sie eine weitere Email, dass Ihr Buch den CreateSpace-internen *Review*-Prozess durchlaufen hat und nun zur Veröffentlichung freigegeben ist. Achtung: Das System erwartet von Ihnen eine Bestätigung (*proof order*) von Ihrem *Member Dashboard* aus. Leider wird nicht gesagt, wie das geht.

Es geht so: Drücken Sie auf den Titel Ihres Buches. Auf der nächsten Seite finden Sie ein gelbes Warnschild mit einem Ausrufezeichen. Drücken Sie *Proof Your Book*. Sie werden aufgefordert, entweder eine digitale Version Ihres Buches zu überprüfen oder ein gedrucktes Buch zu bestellen. Aber wie weiter? Es ist kein Button zu sehen. Dazu müssen Sie auf *Click to Expand* klicken, um mehr Details zu erhalten. Sie können den Online-Prüfer starten oder eine PDF-Datei Ihres Buches runterladen. Anschließend kann die Überprüfung von Ihnen genehmigt werden.

Doch bei mir passierte etwas Unglaubliches: Ich entdeckte, dass der Buchblock ohne Trennprogramm dargestellt wird! Deshalb also die sechs zusätzlichen Seiten! Wie konnte das geschehen? Ich sah mir die Originaldatei an, welche die gewünschte eingebettete Schriftart und die normale Silbentrennung enthält. Alles in Ordnung. Also nochmal die ganze Prozedur von vorne: Hochladen der Originaldatei, aber diesmal nicht als .doc-, sondern als .rtf-Datei. Die Vorschau zeigt jetzt die Schriften und die Worttrennungen korrekt an. Die Seitenzahl lag dann bei den realen 271.

Erneut erhalten Sie innerhalb von 24 Stunden eine Mail mit der Aufforderung, die Ergebnisse der Überprüfung zu bestätigen. Erneut bekommen Sie über einen Online-Betrachter Gelegenheit, letzte Fehler zu entdecken und zu korrigieren. Wenn wirklich alles OK ist, bestätigen Sie die Überprüfung (*Approve the Proof*). Sie können Ihren Verkaufspreis, Ihre Buchbeschreibung und Ihre Vertriebskanäle jederzeit in der *Distribute section* verändern.

Ihr Buch wird innerhalb folgender Zeitspannen erhältlich sein:

CreateSpace eStore: Sofort

Amazon.com: 5-7 Arbeitstage

Amazon Europe: 5-7 Arbeitstage (bei mir dann tatsächlich zwei bis drei Werktage)

Expanded Distribution channels: 6-8 Wochen.

Erst jetzt können Sie eine Kindle-Version Ihres Buches veröffentlichen.

6. Auch in Kindle anbieten

CreateSpace kümmert sich auch um die Verteilung bei Kindle! Sehr lobenswert. Ein Konto bei Kindle muss eingerichtet werden oder schon bestehen. *Achtung*: Diese Option steht erst zur Verfügung, wenn Ihr Buch von CreateSpace zur Verteilung freigegeben ist, das kann einige wenige Arbeitstage dauern. Die Verbreitung über Kindle ist optional.

Sie können CreateSpace bitten, Ihren Buchtext in Kindle-Standard umzuwandeln oder eine eigene, Kindle-konforme Datei hochladen (siehe Kapitel „Kindle"). Ich dachte, der Kindle-Verkaufspreis wird von CreateSpace festgelegt, aber das stimmt nicht. Wenn Sie bei Kindle eingeloggt sind, werden Sie gebeten, den Preis festzulegen. Die Details dazu finden Sie im Kindle-Kapitel. Die 35/70-%-Tantiemenregelung ist nach wie vor undurchschaubar. Ihre Kindle-Version ist etwa 48 Stunden später auf Amazon verfügbar.

Hier zeigt sich der Nachteil, CreateSpace die Umwandlung des Buchtextes in das Kindle-Format vornehmen zu lassen: Das Inhaltsverzeichnis sieht aus wie Kraut und Rüben. Die bei Kindle sinnlosen Seitenzahlen bleiben stehen. Das gibt einen Minuspunkt.

Weiterer Nachteil des Kindle-Angebots von CreateSpace: Der Vertrieb erfolgt elektronisch nur auf der Kindle-Plattform, nicht in anderen Formaten. Besser scheint mir deshalb Epubli zu sein. Epubli listet eBooks – neben Kindle – zusätzlich beim Apple iBookstore, bei Google Play, bei Weltbild, bei Hugendubel und vielen anderen Shops.

7. Bestellungen

Das Bestellen einzelner Bücher kann auf zweierlei Arten passieren: über das Dashbord, also indem Sie in ihrem Konto eingeloggt sind, und über die normale Amazon-Plattform.

Über das Dashboard: Die Druckkosten sind wie gesagt unglaublich niedrig. Ein 280-Seiten-Buch ist dort für 4,20 Dollar (rund 3,05 Euro) zu haben. Die Versandkosten aber sind hoch. Der Schnellversand aus den USA kostet 27,94 Dollar, die langsameren Versandarten sind natürlich preiswerter. Ein einzelnes Buch, welches Sie zur Überprüfung gerne rasch in den Händen halten wollen, würde also einschließlich Versand rund 23,30 Euro kosten und über eine Woche auf sich warten lassen. Dieser Weg empfiehlt sich nicht für Einzelbestellungen. Doch lohnt sich das Bestellen eines Kontingents von beispielsweise fünf oder zehn Bücher über diesen Weg.

Deshalb nicht nur der Vollständigkeit halber: Der Standardversand kostet 12,44 Dollar pro Lieferung; die Versanddauer wird angegeben mit drei Wochen; die mittelschnelle Variante zu 15,99 Dollar ist nach CreateSpace-Angaben etwa 14 Tage unterwegs. Die Express-Versandzeit (*priority shipping*) wird mit neun bis zehn Tagen angegeben. Es müsse jedoch immer mit zusätzlichen Verzögerungen am Zoll und beim Versand in ländliche Regionen gerechnet werden, warnt CreateSpace. Tatsächlich war mein Buch nach sieben Arbeitstagen bei mir in Deutschland; mit dem Zoll gab es keinerlei Probleme.

Tipp: Doch die Frage ist, warum Sie ein Ansichtsexemplar über die USA kaufen müssen oder sollten? Die reinen Druckkosten bei einer Bestellung über Amazon.de sind zwar pro Exemplar etwas höher, doch es entfallen die hohen Versandkosten. Außerdem geht es viel schneller.

Bestellen via Amazon.de ist nun die leichteste Übung. Die Standardlieferzeit wird mit zwei bis vier Tagen angegeben; bei mir wurde am dritten Werktag geliefert. Bücher werden im Standardtempo grundsätzlich kostenlos versandt. Wenn Sie den kostenpflichtigen „Premiumversand für Mitglieder" wählen, geht es noch schneller.

Bei Amazon zahlen Sie natürlich den vollen Buchpreis, aber Sie erhalten allemal Ihr Honorar pro gekauftes Exemplar.

Die über Amazon.de bestellten Exemplare waren wie gesagt am dritten Werktag eingetroffen. Die Einzelexemplare sind nicht verschweißt. Das Cover fühlt sich leicht gummihaft an, stellt aber meines Erachtens kein Problem dar. Die Schrift ist etwas blass und dünn, vermutlich weil ich Garamond wählte. Ich würde deshalb Times New Roman oder Arial empfehlen.

Interessant ist das *Member Dashboard*: Hier sind die Verkaufszahlen sofort sichtbar und können – spaßeshalber – mit dem Amazon-Verkaufsranking in Beziehung gesetzt werden. Der Verkauf *eines einzigen Buches* führte bei mir zum Amazon-Bestsellerrang 180.000 (während mein direkter Konkurrent, was den Inhalt angeht, den Rang 86.000 einnahm). Der Verkaufsrang sank dann ohne weitere Verkäufe auf 300.000, um dann nach dem Verkauf von 25 Stück auf 80.000 hochzuschnellen, nur um rasch auf Rang 150.000 und tiefer abzufallen.

Der Druck ist passabel. Die Qualität der in Deutschland und der in den USA gedruckten Exemplare unterscheidet sich nicht. Es gab zu Beginn von CreateSpace Kritik, dass der Druck in Amerika schlechter sei; ich konnte keinen Unterschied feststellen. Die amerikanischen Exemplare hatten allerdings vom Schnittmesser herrührende Streifen am vorderen Schnitt. Das sieht nicht so gut aus, kann man aber verschmerzen.

Zu Vergleichszwecken habe ich dasselbe Buch bei Epubli herausgegeben. Der Versand eines einzelnen Druckexemplars dauerte 14 Tage. Die Druckkosten pro Exemplar sind dort höher als bei CreateSpace, dafür scheint mir die Druckqualität besser. Das lässt sich aber erst feststellen, wenn beide Exemplare – von CreateSpace und von Epubli – nebeneinander liegen. Das Druckbild ist bei Epubli satter und der Umschlag gediegener. Und der Schnitt ist einwandfrei glatt.

Auch bei CreateSpace zeigen sich die Nachteile des Self-Publishings. Wenn Sie vollberuflich arbeiten und eine Familie haben, werden Sie kaum die Zeit aufbringen können, selbständig Bücher zu veröffentlichen. Für den CreateSpace-Prozess benötigte ich weit mehr als sechs Stunden in voller Konzentration, um das gewünschte Ergebnis zu erhalten.

Der Veröffentlichungsprozess ist jedoch ausgefeilt und selbst auf Englisch noch einigermaßen zu verstehen. Unschlagbar jedoch ist diese Plattform, was die

Höhe des Honorars angeht. CreateSpace wird mein Favorit werden, wenn diese Bücher auch im deutschen Verzeichnis Lieferbarer Bücher (VLB) und in der Deutschen Staatsbibliothek aufgenommen werden würden.

Buchbestellungen über den Buchhandel

Die Taschenbücher sind wie gesagt nur über Amazon zu beziehen. In den USA, dem Heimatland von Createspace, sieht das seit 2014 anders aus. Hier gibt es für einen kleinen Aufpreis die Möglichkeit der *Expanded Distribution*, durch die der Auslieferer „Ingram" Buchhandlungen, Büchereien usw. beliefert. Ob und vor allem wann diese Option nach Deutschland kommt, steht noch in den Sternen.

Bemerkenswerter Weise sind die über CreateSpace publizierten Bücher doch irgendwie für den Bucheinzel- und -großhandel sichtbar, und zwar, wenn Sie es selbst beim VLB listen. Dann müssen Sie eingehende Bestellungen selbst verschicken – oder bei Amazon bestellen und eine abweichende Lieferanschrift angeben. Kompliziert aber wird es mit dem Buchhandelsrabatt. Daher ist es sinnvoll, den Amazon-Verkaufspreis etwas höher zu legen, damit Sie dem Buchhandel 30 % anbieten können. So war es bis Ende 2017.

Im Dezember 2017 kündigte der Buchgroßhändler KNV an, künftig die deutschsprachigen Titel von Amazon Publishing ins Lager aufzunehmen. Es gibt drei Buch-Grossisten in Deutschland, die je etwa 6000 Buchhandlungen beliefern. Die Menge dieser Buchhandlungen überschneidet sich nur zum Teil, d.h. KNV beliefert nicht sämtliche Buchhändler der Bundesrepublik. So der Buchhändler will, können diese Amazon-Titel dann in jeder Buchhandlung bestellt werden, die an diesen Großhändler angeschlossen sind.

Achtung: Die Sache hat einen Haken. KNV bezieht nur Bücher, die über den Amazon-eigenen Verlag *Amazon Publishing* herausgegeben werden. Hier agiert Amazon wie ein normaler Verlag: er wählt Bücher aus, lektoriert diese und gibt sie als klassischer Verlag heraus. (Der Verlag nimmt Manuskripteinsendungen an: *manuskripteinsendungen@amazon.de*)

Ihre über CreateSpace veröffentlichten Bücher bleiben also weiterhin für den deutschen Buchhandel unerreichbar (mit Ausnahme des kleinen Tricks, siehe oben).

Der Blog *Literaturcafe.de* kommentierte am 1. Dezember 2017: „Was wäre, wenn Amazon demnächst dem Großhandel tatsächlich auch die gedruckten

CreateSpace-Titel der Self-Publisher zur Lagerung anbietet? Schließlich haben die Großhändler auch die erfolgreichen Titel anderer Print-on-Demand-Dienstleister auf Lager. Natürlich würde Amazon mit einem großzügigen Rabatt liefern, wie es der Konzern zu Beginn immer macht. Viele Leserinnen und Leser würde es freuen, wenn sie die Bücher der Self-Publisher auch gedruckt im Handel erhalten und nicht nur via Amazon." (http://www.literaturcafe.de/amazon-publishing-buchhandel-diskreditiert-sich-durch-unwissenheit/)

Das sind noch offene Fragen.

Bücher bei CreateSpace löschen

Sie können Ihre Bücher schnell und unkompliziert bei CreateSpace löschen.

Gehen Sie auf Ihr Dashboard bei Createspace, klicken Sie "Contact Support" an und suchen Sie unter "Other Options" den Punkt "Retire my Title" (Löschen meines Titels). Wenn Sie mehrere Bücher haben, suchen Sie den entsprechenden Titel (oder auch alle) und schicken folgende Email an CreateSpace:

Please permanently retire my title: XYZ

ID 4773035

Thanks a lot

Yours sincerely

Gerald Mackenthun

Das war's dann auch schon.

Einen eigenen Verlag gründen

Voraussetzungen

Wer seinen Büchern größere Verbreitung und viele potenzielle Interessenten wünscht, kommt um ISB-Nummern nicht herum. Sie ist im Buchhandel und für Bibliotheken unverzichtbar. Die ISBN ist heutzutage 13-stellig und wird von der Agentur für Buchmarktstandards vergeben (www.german-isbn.de). Als Buchautor oder –herausgeber kann man zwischen der Zuteilung einer einzelnen Nummer und der Zuteilung Dutzender oder gar Hunderter Nummern wählen. Eine einzelne ISB-Nummer, die Ihr Werk eindeutig kennzeichnet, kostet fast 80 Euro. Die Beantragung von – sagen wir – 100 Nummern kostet mindestens 300 Euro, lohnt sich also eher – gerechnet pro Buch.

Doch so einfach ist die Prozedur nicht; sie ist vielmehr maximal kompliziert. Wer mehrere ISB-Nummern auf einmal möchte, braucht dazu eine Gewerbeanmeldung. Und eine Gewerbeanmeldung erhalten Sie nur mit einem Handelsregistereintrag. Deshalb zunächst zum Handelsregistereintrag (dann zur Gewerbeanmeldung und dann zur ISB-Nummer).

Es entsteht eine erste Schwierigkeit dadurch, dass das Handelsregister Eintragungen über die angemeldeten *Kaufleute* im Bezirk des zuständigen Registergerichts führt. Da Sie aber vermutlich nicht von der Buchproduktion allein leben wollen oder können und insofern kein Kaufmann sind, trifft diese Regel eventuell nicht zu. Bei den Kaufleuten geht es um Gewinn, Stammkapital, Rechtsform des Unternehmens usw. All das wollen Sie ja nicht; Sie wollen „Kleingewerbetreibender" bleiben, der einen in kaufmännischer Weise eingerichteten Geschäftsbetrieb nicht benötigt. Der Kleingewerbetreibende wird zwar als Unternehmer, aber nicht als Kaufmann betrachtet. Viele Vorschriften des Handelsgesetzbuchs sind auf Kleingewerbetreibende nicht anwendbar. Er ist z.B. handelsrechtlich nicht dazu verpflichtet, kaufmännische Bücher zu führen. Er kann daher den Gewinn mittels Einnahme-Überschuss-Rechnung für selbständige Tätigkeit ermitteln (oder vom Steuerberater ermitteln lassen). Auf Einnahmen, von denen bei Amazon schon 3 Prozent Umsatzsteuer nach Luxemburger Recht abgezogen wurden, muss nicht noch einmal die deutsche

Umsatzsteuer in Höhe von 19 Prozent gezahlt werden. Genaueres können eventuell die Finanzämter sagen.

Was ist nun mit dem Handelsregistereintrag? Ich selbst verzichtete darauf und versuchte es direkt mit der Gewerbeanmeldung, indem ich mich auf Paragraph 1, Absatz 2 des Handelsgesetzbuches (HGB) berufe, wonach ich ein „Kleingewerbetreibender" bin.

Gewerbeanmeldung

Wir sind immer noch dabei, die wertvollen ISB-Nummern zu erhalten, und benötigen dazu eine Gewerbeanmeldung. Diese ist eigentlich nur dann notwendig, wenn Sie einen selbständigen Gewerbebetrieb neu eröffnen. Die ISBN-Verwalter wollen aber nun mal die Gewerbeanmeldung.

Wer nach dem Gewerbeamt in seiner Stadt sucht, wird vielleicht auch unter Wirtschaftsamt oder Ordnungsamt fündig. Die Anmeldung muss mit dem Beginn der Tätigkeit erfolgen, sonst droht ein Bußgeld. Formulare für Gewerbeanmeldungen oder Abmeldungen stehen oftmals im Internet bereit. Die PDF-Formulare können zu Hause am PC ausgefüllt und ausgedruckt werden. Die Bearbeitung von Gewerbeanzeigen ist gebührenpflichtig. In Berlin beispielsweise kostet die Gewerbe**an**meldung *einer* natürlichen Person 26 Euro (Mai 2011).

Kleingewerbetreibende treten im Geschäftsverkehr mit ihrem Nachnamen und mindestens einem ausgeschriebenen Vornamen auf, Hinweise auf die Tätigkeit oder die Branche sind zulässig, beispielsweise „Verlag Werner Hansel". In diesem Sinne sollte die Gewerbeanmeldung ausgefüllt werden. Der Gewerbeantrag verlangt ferner einen Eintrag in der Spalte „Ort und Nr. des Registereintrags". Ich selbst sehe mich als Kleingewerbetreibenden (nicht als Kaufmann) und trage dort ein: „Kleingewerbetreibender nach Par. 1, Abs. 2 des HGB".

Der Rest des Formulars ist einfach. Bei „Angemeldete Tätigkeit" tragen Sie zum Beispiel „Produktion von elektronischen Büchern" ein. Da Sie keine weitere Erlaubnis für diese Tätigkeit benötigen, nicht in die Handwerksrolle eingetragen und vermutlich kein Ausländer sind, kreuzen Sie jeweils „Nein" an.

Das Blatt mit der Gewerbeanmeldung kam nach ungefähr drei Wochen zurück. Der Versuch, den „Verlag Gerald Mackenthun" anzumelden, wurde ignoriert. Es erschien nur die Tätigkeit, die „Herstellung und Vertrieb von elektronischen und gedruckten Büchern und Broschüren". Es war auch keine Registrierungs-nummer dabei. Wie sich später bei der Beantragung von ISB-Nummern her-ausstellt, ist mehr auch nicht nötig.

Nach drei Monaten erhielt ich übrigens Post von der Industrie- und Handels-kammer (IHK), die mich freundlich in ihren Reihen willkommen hieß. Ich er-hielt eine Mitgliedsnummer und ein Passwort für den Online-Zugang zum Mit-gliederbereich.

ISB-Nummer beantragen und einsetzen

Seit mehr als 40 Jahren kennzeichnet die Internationale Standard-Buchnummer (ISBN) in aller Welt als kurzes und eindeutiges, auch maschinen-lesbares Identifikationsmerkmal jedes Buchprodukt unverwechselbar. Die ISB-Nummern werden in Deutschland von der Agentur für Buchmarktstandards in der MVB Marketing- und Verlagsservice des Buchhandels GmbH vergeben.

Die ISBN-Agentur unterscheiden zwei „Verlegertypen": (Selbst-) Verlage mit absehbar einmaliger Verlagsproduktion und Verlage mit fortlaufender Produk-tion.

Für nicht gewerbliche Verleger, die nur selten publizieren, hat die ISBN-Agentur Deutschland eine spezielle Verlagsnummer bereitgestellt. Aus diesem ISBN-Bereich werden alle Publikationen hintereinander nummeriert. Dieser Vorgang unterliegt strenger Überwachung, da er eine große Ausnahme zur generellen Regel darstellt, die *eine* ISBN-Verlagsnummer *pro Verlag* vorsieht. Deswegen ist dieses Verfahren mit fast 80 Euro für jede einzelne ISB-Nummer reichlich teuer.

Verlage mit fortlaufender Produktion sind solche mit Gewerbeanmeldung (als Verlag) *sowie* mit Handelsregister-Eintragung *oder* Vereinsregister-Eintragung, aber auch Körperschaften des öffentlichen Rechts, die ihre Produkte über den Buchhandel handeln. Diesen Verlagen wird auf Antrag ein Kontingent von ISB-Nummern zur Verfügung gestellt, damit sie ihre Produktionen eigenständig benummern können.

Selbstverlage kommen ohne Gewerbeanmeldung, Handelsregister-Eintrag oder Vereinsregister-Eintragung aus. Diesen Verlagen wird für ihre einmalige Verlagsproduktion auf Antrag eine einzelne ISB-Nummer zugewiesen. Für die

Zuteilung einer einzelnen ISBN werden genau 79,08 Euro verlangt (Stand Mai 2011). Im Internet wird ein Beantragungsformular bereitgestellt.

Welchen Vorteil eine Einzel-ISBN hat, erschließt sich mir nicht so ganz. Ein Eintrag in das Verzeichnis Lieferbarer Bücher (VLB) ist als Papiermeldung oder online möglich. Ins VLB kann man einzelne eigene Bücher oder eBooks eintragen, auch wenn man nicht als Verlag registriert ist.

Wenn man mehr als ein eBuch veröffentlichen möchte, scheint es sinnvoller, einen eigenen Verlag zu gründen. Aber für **Verlage mit fortlaufender Verlagsproduktion** – das heißt mit mehr als einem Buch und damit mehr als einer ISB-Nummer – wird es kompliziert und teuer.

Die ISB-Nummern erhalten Sie über den ISBN-Shop (https://www.isbn-shop.de/). Eine Nummer kostet 70 €, zehn Nummern 180 €, 100 Nummern 220 € und 1000 Nummern 260 €, jeweils ohne Mehrwertsteuer. Die Listung Ihrer Bücher im Verzeichnis Lieferbarer Bücher (www.vlb.de) kosten mindestens 79 Euro netto pro Jahr, plus 12 Euro netto für Eintragung des Verlags in das „Adressbuch für den deutschsprachigen Buchhandel", plus 19 Prozent Mehrwertsteuer auf alles. Umgerechnet auf mehrere Bücher ist das allerdings deutlich preisgünstiger als die Einzelbeantragung einer ISB-Nummer.

Hier die Adresse der ISBN-Verwaltung (www.german-isbn.de):

MVB Marketing- und Verlagsservice GmbH - Agentur für Buchmarktstandards, Postfach 10 04 42, 60004 Frankfurt am Main, Tel. 069/1306-387, Fax 069/1306-258, E-Mail isbn@mvb-online.de

Einfach um es auszuprobieren, beantragte ich zunächst eine Einzelnummer. Sie kam nach drei Wochen. Diese verwendete ich später für ein Kindle-Buch. Das war nicht besonders schlau, weil ich ja schon die Amazon-ASIN-Nummer hatte.

Weil ich aber an mehreren Produkten arbeitete, beantragte ich wenig später 100 ISB-Nummern als Verlag (Gewerbe), wobei ich den oben erwähnten Gewerbeschein beilegte, sowie eine kurze Liste der geplanten Buchprojekte. Warum die ISBN-Agentur danach fragt, ist unklar. Die Pläne des Verlegers können sich ja schnell ändern. Wie auch immer, ich erhielt 100 Nummern auf einer CD, die ich in eine WORD-Datei übertrug. In diese trage ich neben der ISBN den Titel des Werks, den Preis, das Datum der VLB-Anmeldung, das Datum des Einstellens bei Amazon usw. ein. So behalte ich den Überblick.

Beachten Sie, dass die ISB-*Stammnummer* nur auf Sie als Verleger zugelassen ist. Sie ist nicht übertragbar, dafür gilt sie „für immer". Sie werden als nicht schlecht und können auch später noch verwendet werden.

Über die Verwendung der Nummern geben eine mitgelieferte Broschüre und einige Merkblätter Auskunft. Lesen Sie die bitte durch. Wichtig ist vor allem, dass jedes Format eines Buches, ob in gedruckter Form, als Hörbuch oder als eBook, individuell mit ISBN identifiziert wird.

Die ISB-Nummer kann noch nachträglich eingefügt werden, auch für Kindle-Bücher, wenn Sie wollen.

Achtung: Im VLB können *nur eigene* Publikationen eingegeben und recherchiert werden! Das macht der Marketing- und Verlagsservice des Buchhandels GmbH (MVB) auf seinen Internetseiten nicht ausreichend deutlich. Sie können den gesamten VLB-Katalog online recherchieren, dass kostet aber zusätzlich 34,50 Euro pro Monat.

Die frei zugängliche Recherche im Verzeichnis Lieferbarer Bücher erfolgt vielmehr über www.buchhandel.de, www.libreka.de und/oder www.buchkatalog.de. Wenn also Epubli das Einstellen Ihrer Buchdaten ins VLB anbietet, dann müssen Sie unter Buchhandel.de recherchieren, ob das passiert ist.

Wie Buchhandel.de arbeitet, weiß ich nicht. Ich habe bislang sechs gedruckte Bücher mit herausgegeben, es erscheinen aber nur drei. Unter der auf eBücher spezialisierten Plattform Libreka erscheinen alle meine Bücher und viele Bücher, in denen ich zitiert werde, aber nicht meine eBooks. Amazon hingegen listet alle meine Bücher auf. Das alles ist rätselhaft. Für was macht man sich eigentlich die ganze Arbeit? Wirklich *alles* finden man hingegen der Katalog der Deutschen Nationalbibliothek (https://portal.d-nb.de/).

Wenn Sie nun Ihr eBuch bei Amazon mit der ISB-Nummer suchen, wird Amazon es nicht finden. Wenn Sie Ihre Amazon-interne ASI-Nummer eingeben, wird Ihr Buch sofort angezeigt. Warum?

Weil Amazon keine ISBN benötigt. ISBNs identifizieren ein Buchprodukt eindeutig überall auf der Welt, wo immer sie es kaufen wollen. Kindle aber wird ausschließlich über Amazon vertrieben; kein Buchhändler kann Ihnen ein Kindle-Buch bestellen und liefern. Warum aber gibt Kindle die Möglichkeit, eine ISB-Nummer für ein Kindle-eBuch einzugeben?

Wie auch immer, wenn Sie Ihr Buch bekannt machen wollen, dann geben Sie immer beide Nummern an: ISBN und ASIN. Oder gleich ganz direkt, zum Beispiel http://www.amazon.com/dp/B004GXB3TO. Google übrigens findet die ASIN sofort.

Wenn Sie bei Epubli ein eBook oder ein richtiges Buch mit Epubli-ISBN und unter dem Verlag „Epubli GmbH, Berlin" veröffentlichen, kostet das pro Buch 14,95 Euro. Bei BoD sind es 19,00 Euro. Dafür übernehmen Epubli oder BoD das ganze Theater mit dem MVB Marketing- und Verlagsservice des Buchhandels. Zudem übernehmen Epubli und BoD die Kosten für Druck und Versand von zwei Belegexemplaren für die Deutsche Nationalbibliothek (DNB)!

ISBN kodieren als EAN-13-Barcode

Das ISBN-System wurde an das System internationaler Artikelnummern EAN (European Article Number) gekoppelt. Damit können Bücher weltweit innerhalb des EAN-Systems in Warenwirtschaftssysteme übernommen werden, ohne dass aufwändige Neuauszeichnungen mit nationalen Strichcodes nötig sind. ISBN-13 sind identisch mit dem zum Buch gehörenden EAN-13-Strichcode, mit der einzigen Ausnahme, dass die EAN ohne Bindestriche notiert wird.

EAN bedeutet schnellere Registrierung der Waren an der Kasse, höhere Sicherheit (weniger Tippfehler oder Irrtümer), Erleichterung des Warenverkehrs, automatisierbare Lagerhaltung und kein Preisetikett an der Ware (Preis muss nur am Regal stehen). 2009 wurde EAN abgelöst durch die Globale Artikelidentnummer (Global Trade Item Number, GTIN).

Wenn Sie Ihr eBuch als gedrucktes Buch verkaufen wollen, muss und soll auf dem Buchrücken die ISB-Nummer erscheinen und zusätzlich die ISBN als EAN-Nummer.

Einen *kostenlosen* Barcode-Generator für EAN-13-Nummern bietet die Firma Tec-It auch auf Deutsch an: http://barcode.tec-it.com/?LANG=de. Gehen Sie zu „EAN/UPC" und klicken bei „Strichcode" auf „EAN-13" (weil auch die ISB-Nummer 13 Ziffern hat). Geben Sie unter „Daten" die ISBN ohne Bindestriche ein. Drücken Sie auf *erstellen*, sofort erscheint die EAN-Nummer. Sie kann als JPG-Datei auf Ihren Computer geladen werden. Verändern Sie vorher entsprechend das „Ausgabeformat" und erhöhen Sie die dpi-Zahl auf 300. Dieses Bild können Sie dann auf Ihren Buchumschlag platzieren.

Wie beende ich meine Verlagstätigkeit?

Wenn es mit dem eigenen Verlag – aus welchen Gründen auch immer – nicht klappt, können Sie auch wieder aussteigen und Ihre Verlagstätigkeit beenden.

Zunächst sollten Sie ihre bei VLB gelisteten Bücher auf „deaktivieren" stellen. Rufen Sie ihre Titel auf („Titelservice") und gehen Sie rechts auf das kleine Zahnrad. Dort auf „deaktivieren" drücken. Damit veschwindet der Titel nicht aus der Listung, ist aber für andere nicht mehr sichtbar und zudem „nicht lieferbar". Sie können das überprüfen, indem Sie unter „Navigation" auf „Suchen" gehen und dort bei „Status" auf „Aktiv" beziehungsweise „Archiviert" gehen. Dort erhalten Sie die Übersicht über den Status Ihrer Bücher. Achtung: "Nicht lieferbar" ist nicht gleich "deaktiviert". Bei "Nicht lieferbar" bleibt Ihr Buch beispielsweise bei Amazon mit dem Hinweis "derzeit nicht lieferbar" auffindbar. Erst wenn Sie "deaktivieren", werden Ihre Bücher und eBooks unsichtbar.

Die VLB-Jahresgebühr müssen Sie noch bis Ablauf der Jahresfrist zahlen, danach bekommen Sie aber keine Rechnung mehr.

Wenn Sie ganz aussteigen wollen, schicken Sie unter Angabe Ihrer Kennnummer und ISB-Nummer eine Email VLB (serviceline@mvb-online.de). Zugleich sollten Sie sich logischerweise auch aus dem Adressbuch der deutschsprachigen Verlage verabschieden. Das machen Sie mit einer zweiten Email an adressbuch@mvb-online.de.

Da bei einer vollständigen Deaktivierung Ihres Bestandes offenbar keine weiteren Kosten anfallen, können Sie die endgültige Abmeldung auch hinausschieben, bis Sie sich sicher sind. Man weiß ja nie, was die Zukunft bringt.

Sonderthema: Kalender erstellen

Einen Wandkalender zu erstellen ist noch einmal ein besonderes Thema. Es soll hier nicht um Wand- und Fotokalender gehen, wie sie bei www.cewe.de, www.meinbildkalender.de oder www.vistaprint.de für den privaten Gebrauch hergestellt werden können. Vielmehr soll es ein Kalender mit ISB-Nummer werden, der national und international zu kaufen sein wird. Dafür bietet sich www.calvendo.de an.

Calvendo gehört zur angesehenen und potenten Cornelsen-Verlagsgruppe. Calvendo hält auf seiner Online-Plattform alles bereit, was Sie als Urheber brauchen, um einen Kalender oder „Flipart" (z. B. ein Posterbuch zum Andiewandhängen) mit eigenen Bildern und/oder Texten bis zur Publikationsreife zu bringen.

Calvendo ist in mehrerer Hinsicht besonders. Erstens bietet es Wandkalender im Hoch- und Querformat mit einer Spiralbindung und einem Draht-Aufhänger. (Die Spiralbindung bei Books on Demand gibt es nur links und ohne Aufhänger, ist also für Kalender nicht geeignet.) Zweitens entscheidet eine Jury (innerhalb von drei Tagen), ob Sie Ihren Kalender via Calvendo mit ISBN zum Verkauf anbieten dürfen. Das Urteil der Jury ist verbindlich. Sie als Urheber haben keinen Anspruch auf Veröffentlichung, es sei denn, Sie wollen einen Kalender nur für den Privatgebrauch. Die Plattform achtet offensichtlich auf einen gewissen Qualitätsstandard (zur Jury gleich noch mehr). Das finde ich interessant und lobenswert. Drittens übernimmt die Plattform die vollen Kosten für die ISB-Nummer (71,40 Euro, www.german-isbn.de). Viertens bietet Calvendo sogenannte Flipart an. Das sind „Bücher zum Aufhängen": auf mehrere Einzelblätter (14 oder 54 Blätter) gedruckte Bilder und Texte, die wie Wandkalender mit einer Wire-O-Spirale gebunden sind, aber kein Kalendarium haben. Sie sind in den Formaten DIN A5, DIN A4, DIN A3 und DIN A2 machbar.

Calvendo hat auf der anderen Seite auch einige Einschränkungen aufzuweisen. So werden nur wenige Formate zugelassen. Im kleinen DIN-A5-Format (hoch oder quer) sind nur Aufsteller möglich (Tischkalender und Posterbücher zum Aufstellen). In den Formaten DIN A4, A3 und A2 (hoch oder quer) sind nur Wandhänger, also Wandkalender und Posterbücher möglich. Der Umfang, also die Seitenzahl, ist vorgegeben: 12 Monatsseiten plus Deckblatt und Impressumsblatt (gleich 14 Seiten) oder 52 Wochenseiten plus Deckblatt und Impressumsblatt (gleich 54 Seiten).

Gerade die 14-seitige Version ist für Kleinverlage interessant. Die 14. Seite (Index-Seite) wird auf der Rückseite bedruckt. Dort können Sie alle 12 Monatsbilder im Kleinformat als Vorschau platzieren, ferner Ihre ISBN und einige kurze Informationen zu den Inhalten und zum Autor. Eine 14. Seite bietet z.B. CEWE bei seinen Wandkalendern nicht.

Die Qualität des Calvendo-Drucks ist im Vergleich besser als z.B. die von Pixum. Calvendo-Kalender habe ein transparentes Deckblatt. Die Calvendo-Designs sind auch etwas professioneller als die von Pixum. Der Preisunterschied pro Kalender ist nicht besonders groß.

Eine ausführliche Anleitung bietet Calvendo unter http://download. calvendo.de/CALVENDO_Gestaltungsprozess_Leitfaden_DE.pdf.

Schritt 1: Die Registrierung

Schon vorher können Sie sich auf der Seite umsehen und in den ausführlichen und klar geschriebenen „Häufigen Fragen" (FAQ) blättern. Was für den Buchtext gilt, gilt bei Kalendern für die Bilder: Sie müssen einwandfrei sei. Das heißt, sie müssen, bevor man sich Calvendo zuwendet, in einem Bildbearbeitungsprogramm überprüft und wenn nötig aufgehübscht werden. Programme wie Adobe Photoshop (teuer) oder Gimp (kostenlos) sind mächtige Instrumente, die nicht immer leicht zu beherrschen sind. Sie beinhalten allerdings oft auch einfache und halbautomatische Bildverbesserungsmodule.

Calvendo benutzt für die Kalendererstellung am PC einen Flashplayer. Wenn der nicht vorhanden oder alt ist, passiert erst einmal gar nichts. Sie brauchen den Adobe-Flash-Player, am besten ab Version 21.0 (den können Sie sich kostenlos bei Adobe herunterladen). Das steht in den FAQs. Hilfe erhalten Sie über den Hilfe-Button, der sich ganz klein ganz oben auf der Seite befindet. Ladern Sie bei Bedarf den Adobe Flash Player runter und benutzen Sie die neueste Version Ihres Lieblingsbrowers. In Ihrem Browser müssen zudem Javascript aktiviert und Cookies akzeptiert werden (siehe in Ihrem Browser unter „Einstellungen").

Bei mir funktionierte es nicht. Die Layout-Vorlage für eine Kalendererstellung wollte nicht anspringen. Ich befand mich in meinem Google-Browser und wechselte zu Firefox, wo ich mich neue anmeldete. Dort starteten der Adobe Flash Player und die Anwendung.

Schritt 2: Bilder hochladen

Laden Sie Ihre Bilder (nur JPG-Dateien mit RGB-Farbraum oder Graustufenbilder, komprimiert auf mindestens 80 %) hoch („Bilder hinzufügen"). Bei mehreren Bildern kann das ganz schön dauern.

Layouten Sie die einzelnen Seiten, wählen Sie Farben und Schriften aus, ein Kalendarium für Ihren Kalender, formulieren Sie einen Titel und die Bildtitel. Im Hintergrund baut der „Calvendo-Publisher" schon einmal die Indexseite auf, die unter anderem das Impressum sowie die Vorschaubilder Ihres Produkts enthält.

Entweder nutzen Sie direkt den „Publisher" (Adobe Flash-Technologie) online. Hier laden Sie JPG-Bilder hoch. Oder Sie arbeiten offline mit Ihrem Layoutprogramm, zum Beispiel InDesign, und laden dann PDF-Dateien hoch. Für den ersten Weg stellt Calvendo im Bereich „Projekt erstellen" Vorlagen (Templates), Kalendarien und eine Anleitung zum Herunterladen bereit. Calvendo empfiehlt sehr, mit diesen Vorlagen und Kalendarien zu arbeiten. Adobe Creative Cloud / InDesign CC ist nämlich teuer und kostet im Jahres-Abonnement gut 20 € pro Monat und ist damit eigentlich nur für Profis interessant, nicht für ein einzelnes Projekt.

Die Bilder lassen sich beschriften. Viele Parameter können dabei variiert werden: *Schrift, Schriftfarbe, Schriftstil* (fett, kursiv oder unterstrichen), *Schriftgröße, Zeilenabstand, Textausrichtung* (linksbündig, rechtsbündig, zentriert oder Blocksatz), *Deckkraft der Schriftfarbe usw.* Schrift, Schriftfarbe, -stil sowie -größe lassen sich nicht nur für den kompletten Text, sondern auch für einzelne Wörter oder Buchstaben bestimmen.

Bildauflösung: Calvendo gibt die Mindestgröße der einzelnen Bilder (in Pixel) für die jeweilige Kalendergröße vor. Beispielsweise

A 3 hoch: Höhe 4961 x Breite 3508 = 17 MB

A 3 quer: Höhe 3508 x Breite 4961

A 4 hoch: Höhe 3508 x Breite 2480 = 8,5 MB

A 4 quer: Höhe 2480 x Breite 3508.

Ich habe für einen Kalender alte Dias eingescannt. Bei einer Auflösung von 6400 dpi ergab sich eine Bildgröße von Höhe 5632 x Breite 8566 Pixel. Das würde locker für einen DIN A 2-Kalenderblatt reichen. Die Obergrenze für hochzuladende Dateien müssen dabei beachtet werden: Bei JPG maximal 20 Megabyte (MB) und bei PDF-Dateien maximal 100 MB. Das Hochladen großer Bilddateien dauert ziemlich lange. Rechnen Sie für Ihren ersten Kalender je nach Bearbeitungsbedarf der Bilder mit vier bis acht Stunden Arbeit.

Die Dias habe ich mit einem Canon CanoScan 9000F eingescannt, welche Scans bis zu 9600 dpi erlaubt. Bilddateien dieser Auflösung können durchaus Größen von über 100 MB erreichen! Achtung: Dazu muss der canoneigene Scanner-Treiber und der „Erweiterte Modus" vewendet werden. Sinnvoll ist es, den „Staub und Kratzer entfernen"-Button einzuschalten. Das Softwareprogramm zum Scannen mit CanoScan heißt übrigens „MP Navigator Ex". Auf so einen abwegigen Namen muss man erst mal kommen! Ich weiß auch nicht, was sich die Leute von Canon bei dieser Bezeichnung gedacht haben.

Schritt 3: Überprüfen

Der Calvendo-„Publisher" (das ist ein Programm, kein Mensch) hilft bei der abschließenden Prüfung. Er informiert Sie mit grünen Häkchen und roten Fragezeichen, ob die Bildauflösung für den Druck tatsächlich ausreicht, ob Ihr Layout insgesamt schon Profi-Niveau hat, und ob wirklich alle Angaben da sind, die für die Veröffentlichung gebraucht werden. Wenn nicht, müssen Sie noch ein bisschen nachbessern.

Den Ladenpreis bestimmen Sie, wobei Calvendo einen Mindestpreis festlegt, der die Bezahlung der anfallenden Kosten sichert, und den Sie nicht unterschreiten können. Der Mindestpreis hängt vom Format und vom Umfang ab. Das Honorar steigt exponentiell mit den Einnahmen, je mehr Verkauf, desto höher der Honoraranteil am Verkaufspreis. Dieser Prozentanteil, der Honorarsatz, kann bis auf 30 % (der Einnahmen) wachsen. Abgerechnet wird vierteljährlich.

Schritt 4: Einreichen

Dann reichen Sie Ihr Projekt zur Veröffentlichung ein. Jetzt prüft die Jury, ob Ihr Projekt professionellen Ansprüchen genügt.

Ein Urprojekt entsteht, sobald ein User sein Layout zum ersten Mal abspeichert und dieses dadurch eine Identitätsnummer erhält. Sowohl Ur- als auch Einzelprojekte können sich in unterschiedlichen Status befinden: publiziert / eingereicht / abgelehnt / in Bearbeitung / liegt bei der Jury / zurückgezogen.

Schritt 5: Freigabe durch die Jury

Wenn alles einwandfrei ist, erhalten Sie von der Jury die Freigabe zur Veröffentlichung. Ihr Produkt hat jetzt eine ISBN und kann binnen weniger Tage unter anderem bei Amazon, aber auch bei den anderen Online-Buchhändlern sowie in Buchhandlungen bestellt werden.

Die Calvendo-Jury

Es mag für Selfpublisher unannehmbar klingen, sich dem Urteil einer Jury zu unterwerfen. Man wurde ja nicht Selbstvermarkter, um sich von anderen hineinreden zu lassen.

Aber die Idee finde ich nicht schlecht. Das Verfahren garantiert ein gewisses Niveau – und das scheint bei dem Haufen Schrott im Internet auch angebracht. Zudem ist das Verfahren recht transparent. Das sind die Kriterien der Jury:

- handwerkliche Güte
- schöpferische Leistung und Innovationsgrad
- technische Qualität
- Vollständigkeit und inhaltliche Qualität der Informationen für das Impressum sowie der Produktbeschreibung
- rechtliche Zulässigkeit und ethische Unbedenklichkeit
- Befriedigung der Bedürfnisse der jeweiligen Zielgruppe
- Nachfragepotenzial im Markt bzw. bei möglichen Zielgruppen
- Eignung für das Calvendo-Verlagsprogramm

Für jedes dieser Kriterien vergibt die Jury Punkte. Erzielt ein Projekt zu einem einzelnen Kriterium nicht die erforderliche Mindestpunktzahl oder nicht die nötige Gesamtpunktzahl, wird es nicht für die Veröffentlichung ausgewählt. Dann können Sie noch zweimal nachbessern und erneut einreichen. Rechnen Sie mit mindestens drei Werktagen Bearbeitungszeit pro Zwischenschritt.

Ein eingereichtes und abgelehntes Projekt darf nach Korrekturen maximal zweimal erneut eingereicht werden. Danach kann es nicht mehr als Calvendo-Produkt veröffentlicht werden.

Mit der Ablehnung erhalten Sie von der Jury Hinweise auf konkreten Optimierungsbedarf. Calvendo bittet, diese Hinweise ernst zu nehmen. Arbeiten Sie Punkt für Punkt ab. Danach müssen Sie Ihr Projekt wieder einreichen. Sollte die Jury dann immer noch Optimierungsbedarf sehen, werden Sie auch darüber wieder informiert. Dann können Sie noch einmal einreichen.

Wenn Sie fünf Projekte eingereicht haben und keines davon durch die Jury für die Veröffentlichung ausgewählt wurde, kann Calvendo Ihren Account löschen.

Wenn die Jury Nein sagt, können Sie den Kalender trotzdem hochladen und bestellen, aber ohne ISBN und nur für den privaten Gebrauch. Sie können also Ihren Kalender mit einer eigenen ISBN versehen (siehe „Einen eigenen Verlag gründen"), bei Calvendo drucken lassen und über Amazon vertreiben.

Die Vorteile, Calvendo zu benutzen, lassen sich sehen. Es entstehen dem Nutzer keine Kosten für Anmeldung und die Nutzung der Plattform, für Erstellung Ihres Kalenders oder Ihrer Flipart (das machen Sie ja schließlich selbst), für die Begutachtung durch die Jury nach Einreichung, für die ISBN (Sie sparen dadurch 71,40 Euro), für Vertrieb und Marketing, für die Listung im Verzeichnis lieferbarer Bücher (VLB) und für die Aufnahme in die Deutsche Nationalbibliografie der Deutschen Nationalbibliothek. Calvendo holt sich seinen Anteil über den Verkaufspreis.

Werbung und Vermarktung

Mika Lubitsch, 58 Jahre alt, verkaufte ihren Roman *Der siebte Tag* mehr als 100.000 Mal auf Kindle, dem eBook-Lesegerät von Amazon. Innerhalb eines halben Jahres hatte sie mehr als 200.000 Euro verdient. Aber ihr Buch erschien nie auf den bekannten Bestsellerlisten. Sie veröffentlichte ihr Werk in Eigenregie.

Mika Lubitsch ist die Ausnahme, nach der sich alle Self-Publisher so vergeblich sehnen, so wie Lottospieler vergeblich auf den großen Gewinn warten. Ein Buch im Alleingang zu vermarkten ist schwierig, diese Erfahrung mussten viele machen.

Grundsätzlich gilt: Sie werden Ihr Buch nicht verkaufen, wenn Sie nicht dafür trommeln. Sie können einen noch so schönen Text haben: Wenn Sie ihn nicht aktiv vermarkten und bekannt machen, wird kaum ein Mensch darauf aufmerksam.

Werbung und Marketing sind unerlässliche Bestandteile des Self-Publishing und kosten erhebliche Zeit und meist auch Geld. Sie werden erschrocken feststellen, dass Selbstvermarktung eine Form der Selbstausbeutung ist, die viele, viele Stunden Zeit frisst. Aber ohne Selbstvermarktung werden Sie überhaupt keine Resonanz erzeugen, mit Self-Marketing haben Sie immerhin eine kleine Chance, Ihr Werk unter die Leute zu bringen.

BoD (Books on Demand) hat 2016 ermittelt, wie viele Stunden Arbeit Self-Publisher aufwenden, insbesondere für Werbung in eigener Sache:

- Hobbyautoren, für die Schreiben eine Freizeit ist (49 % der Befragten), investieren pro Woche 6 Stunden in das Schreiben und 1 Stunde für Werbung. Sie haben im Schnitt 4 Werke veröffentlicht. Davon sind 76 % Belletristik und 30 % Ratgeber und Sachbücher.

- Berufsautoren (12 %) schreiben wöchentlich 15 Stunden und kümmern sich 4 Stunden um die Werbung. Sie haben 9 Bücher im Angebot. 71 % davon sind Belletristik und 42 % Sachbücher und Ratgeber.

- Expertenautoren (39 %) schreiben 4 Stunden wöchentlich und kümmern sich 1 Stunde um die Vermarktung. Von ihnen liegen im Durchschnitt 4 Bücher vor, davon 54 % Sach- und 48 % Fachbücher.

Hilfen und Tipps

Epubli und die anderen Self-Publishing-Plattformen stellen umfangreiches Material zur Verfügung, um Autoren und Kleinverlage zu unterstützen. Unter „Online Marketing Guide" beispielsweise finden Sie eine 120-Seiten Booklet im pdf-Format von Epubli zum Runterladen.

Epubli betreibt eine ständig wachsende Seite mit nützlichen Tipps für Autoren (nicht nur für jene, die bei Epubli veröffentlichen): http://www.epublizisten .de. Joel Friedlander beispielsweise stellt sechs Tipps für die erfolgreiche e-Book-Vermarktung vor, die jeder Self-Publisher beherzigen sollte. Die Epublizisten stützen sich auch stark auf den amerikanischen Autor Joseph C. Kunz Jr., der fleißig über seine Erfahrungen mit Self-Publishing berichtet und in zehn Punkten zusammengefasst hat. Epublizisten haben das übersetzt und auf deutsche Verhältnisse zugeschnitten.

Tipps zum Self-Publishing geben auch das Literaturcafé (literaturcafe.de), Self-Publishing.com oder netzwelt.de.

Das Paradox dieser Entwicklung besteht darin, dass Selbstvermarkter erst dann erfolgreich sind, wenn sie die Selbstvermarktung wieder aufgeben. „Professionalisierung" lautet der entsprechende Begriff. Denn obwohl die Zahl der Self-Publisher ständig größer wird, gelingt nur wenigen der Durchbruch, ganz wie im konventionellen Buchhandel. Das liegt auch daran, dass ihre Texte oft nicht gut genug sind. Ein Verlag mit seinen Lektoren hilft, die Geschichte zu verbessern, die grammatikalischen Schnitzer auszumerzen und für einen professionellen Vertrieb und Marketing zu sorgen.

Im Folgenden werden Möglichkeiten der Selbstvermarktung und Werbung vorgestellt und diskutiert.

Kommerzielle Unterstützung

Das Angebot an professioneller Hilfe ist inzwischen groß. Der Autor soll zahlen. Mindestens drei Dutzend Verlage und Agenturen unterstützen Autoren gegen Bares, was pro Buchtitel von 99 Euro aufwärts kostet. Eine durchschlagende Unterstützung kann mehrere 1000 Euros kosten. Von Self-Publishing darf dann eigentlich nicht mehr gesprochen werden. Es ist das übliche Geschäft der Verlage mit Autoren. Noch immer ist es so, dass die gedruckten Bücher beim Publikum besser ankommen und mehr Resonanz erfahren, als die schnelllebigen und oftmals schnell zusammengeschusterten eBooks. In den teureren Angeboten sind eine individuelle Buchkonzeption, eine stilistisch-dramaturgische Bearbeitung durch ein Lektorat und ein Werbetext enthalten.

Unterstützung bei einzelnen Designaufgaben bieten die „12designer" (www.12designer.com/de/). Ihr Auftrag für Werbebanners, Illustrationen, Logos usw. wird auf dieser Seite öffentlich ausgeschrieben und sie erhalten Entwürfe von mehreren der 17.800 angeschlossenen Designern. Das kostet ab 100 Euro pro Auftrag, öfter aber auch 300 bis 450 Euro.

Verzeichnis lieferbarer Bücher

Zur Selbstvermarktung gehört zwingend die Meldung Ihres Buchtitels an das Verzeichnis Lieferbarer Bücher (VLB). Das Verzeichnis ist für den Buchhandel unverzichtbar. Wer Bücher sucht, findet sie im VLB – und das seit 40 Jahren. Die Erfolgsgeschichte startete 1971 als zweibändige gedruckte Ausgabe mit 152.526 Titeln aus 1.104 Verlagen. Heute ist das VLB ein modernes Online-Recherche-Tool mit 1,4 Millionen lieferbaren Titeln aus über 24.000 Verlagen.

Achtung: Die folgenden Zeilen sind nur relevant, wenn Sie eine eigene ISB-Nummer haben.

Das VLB ist *die* Referenz-Datenbank für den deutschen Buchhandel. Was Sie dort eingeben, gilt. Das betrifft auch den Buchpreis. Die Buchpreisbindung in Deutschland ist streng! Achten Sie darauf, dass Sie überall denselben Preis für Ihr Produkt angeben. Es gibt böswillige Abmahnkanzleien, die nach Abweichungen fahnden und Kostenbescheide in dreistelliger Höhe verschicken, selbst bei winzigsten Abweichungen im Cent-Bereich.

Weil die ISBN-Agentur ein Monopolunternehmen ist, langen sie bei den Preisen für die Benutzung ganz schön zu. Angenommen, Sie wollen nur *ein* elektronisches Buch verlegen, so kostet die einzelne Meldung mittels Brief 4,50 Euro. Die VLB-Mindestgebühr pro Jahr aber beträgt 99,00 Euro netto! Die einzelne elektronische Meldung kostet 3,40 Euro, die Mindest-Jahresgebühr von 99,00 Euro netto bleibt. Lohnt sich das? Dann lieber bei Epubli oder BoD veröffentlichen, die Ihnen eine ISBN zur Verfügung stellen.

Falls Sie mehrere Bücher verlegen, so sollte unbedingt zur elektronischen Meldung gegriffen werden. Dazu muss schriftlich ein Passwort beantragt werden. Das beschreibbare PDF-Blatt befindet sich im Download-Zentrum unter www.VLB.de. Es muss dann an das VLB gefaxt werden.

VLB wirbt für sich mit den Worten, „nur das VLB bietet eine vollständige Übersicht über alle lieferbaren deutschsprachigen Titel". Das stimmt so nicht ganz. Wenn Sie beim VLB angemeldet sind, können Sie *nur ihre eigenen Bücher* anmelden und recherchieren, alle anderen bleiben Ihnen zumindest über diesen Weg verschlossen. Ein Zugriff auf *alle* gelisteten Medien kostet ungefähr 35 Euro pro Monat.

Wenn Sie eine eigenen ISB-Nummer und einen Online-Zugang zum VLB haben, loggen Sie sich mit den übermittelten Zugangsdaten ein. Gehen Sie zum *Titelservice* und geben Sie die Daten zu Ihrem eBuch oder Buch ein.

Die VLB-Software unterstützt die Eingabe von vielen zusätzlichen Informationen („Nebenangaben"), die von Buchhändlern und Handelsplattformen wie Amazon verwendet werden und die helfen, Ihr Buch besser zu vermarkten. Diese Plattform ist inzwischen sehr groß und differenziert geworden. Im Prinzip erläutert sie sich selbst. Nur ein Hinweis: Bei den Zusatzangaben („Metadaten") erscheint zunächst immer nur ein Eingabeblock. Wenn Sie weitere Texte haben, müssen Sie zusätzliche Fenster öffnen und die entsprechende Textkategorie auswählen und den Text einfügen.

Deutschen MwSt.-Satz nicht vergessen: „voller" bedeutet 19 %, „ermäßigter" bedeutet 7 %. In der Regel ist für Verlage der 7-Prozent-Steuersatz relevant.

„Produkt mit Preisangabe": geben Sie auch die Preise für Österreich und die Schweiz ein. Drücken Sie *Eintrag hinzufügen*, weichen Sie kurz zum Währungsrechner Oanda.com aus und lassen sich den Preis ausrechnen, den Sie dann auf der VLB-Seite eintragen. Für Österreich könnten Sie einen abweichenden Preis eingeben.

Um die unverbindliche Preisempfehlung für Ihre Titel auch in der Schweiz immer aktuell zu halten, bietet das VLB den Service einer automatischen Umrechnung des deutschen Preises in die unverbindliche Preisempfehlung in Schweizer Franken. Der Schweizer Verkaufspreis wird automatisch durch das VLB errechnet. Der mit dem Schweizer Buchhandel abgestimmte Umrechnungskurs entspricht in etwa der Umrechnung 1 € = 1,30 SFr zuzüglich des Schweizer Mehrwertsteuersatzes von 8 % bzw. des reduzierten Mehrwertsteuersatzes von 2,5 %.

Seit ein paar Jahren verlangt das VLB die Zuordnung des Buches zu einer Warengruppe. Diese ist etwas unübersichtlich. Dieses Buch hier findet seinen Platz in der Warengruppe „743 – Buchhandel, Bibliothekswesen auch Buchherstellung, Dokumentation, elektronisches Publizieren".

Ab Januar 2014 steht Ihnen mit „PanThema" eine neue Klassifizierung für Bücher zur Verfügung. Diese ist wesentlich feingliedriger als die bestehende Warengruppensystematik und ermöglicht eine Klassifizierung nach inhaltlichen Aspekten. Titel können mit der neuen Systematik PanThema zielgenauer gesucht werden. Weitere Informationen stehen Ihnen auf der Webseite des VLB zur Verfügung.

Die „Distributionsplattformen" für eBooks nicht vergessen, zum Beispiel die URL für Ihr Buch bei Epubli und die URL für Ihr eBook bei Amazon.

Mit den neuen Feldern „E-Book Format", „Dateigröße", „DRM Art", „Verkaufsrecht", „Netto-Listenreise" und „Distributionsplattform" können Sie Ihre e-Book-Meldungen noch umfassender gestalten. In den neuen Feldern „Voraussichtliches Verkaufsdatum" und „Publikationsstatus" können Sie weitere Informationen zur Lieferbarkeit Ihrer Titel melden.

Sehr praktisch: Ausgehend von einem eBuch kann die Printausgabe recht einfach ergänzt werden – oder umgekehrt. Gehen Sie auf *Titelservice / Maskensuche* und geben ein Stichwort ein. Setzen Sie im Suchergebnis den Cursor auf die ISBN und drücken Sie die rechte Maustaste. Gehen Sie zu *E-Book-Eintrag generieren*. Dann öffnet sich die Eingabemaske, in der sich bis auf die ISBN alle Angaben des Titels finden. Tragen Sie die ISBN ein und überschreiben Sie wenn nötig die entsprechenden Angaben. Das geht auch umgekehrt: erst das gedruckte Buch, dann das eBuch.

Auch praktisch: VLB macht Sie auf fehlende Angaben aufmerksam. Neuerdings (ab 2016) ordnet das VLB die gelisteten Bücher einem Bronze-, Silber- oder

Goldstatus zu. Je mehr Infos sie über das Buch bereitstellen, desto eher kommen diese in den Gold-Status. Der Unterschied liegt in den Kosten für VLB pro Buch. Für Bronze zahlen Sie ein wenig mehr als für Gold. Das nützt allerdings nichts, wenn Sie unterhalb der Jahresgebühr von 99 Euro bleiben. Aber der Status zeigt Ihnen an, wo Sie eventuell noch Buch-Metadaten nachliefern könnten.

Im Rahmen Ihrer Titelmeldung an das Verzeichnis Lieferbarer Bücher erfolgt laut VLB-Angaben automatisch eine Meldung an die „Verwertungsgesellschaft Wort" (VG Wort) als eine der Grundlagen für die Berechnung der Ausschüttungen. Für ein gutes Buch werden von der VG Wort einmalig mehrere hundert Euro ausgeschüttet! Über diese Institution kommt wirklich Geld zum Autor, eine Anmeldung bei VG Wort ist unbedingt zu empfehlen. Wie die Koordination zwischen VG Wort und VLB funktioniert, konnte ich bislang noch nicht testen.

Überprüfung des Lieferbarkeitsstatus': Überprüfen Sie immer wieder mal den Lieferbarkeitsstatus Ihrer Titel! Der Lieferbarkeitsstatus ist eine der wichtigsten Informationen für alle VLB-Nutzer. Außerdem werden Informationen zur Lieferbarkeit Ihrer Titel an zahlreiche Onlineplattformen weitergegeben. Ihr angegebener Lieferbarkeitsstatus bildet innerhalb eines Datenmixes aus Angaben von Auslieferung und Barsortimenten die Grundlage für die Lieferbarkeitsinformation Ihrer Titel.

Titelbilder zum VLB hochladen: Das Verzeichnis lieferbarer Bücher nimmt elektronisch auch Ihr Titelbild und weitere Bilder auf. Voraussetzung für die Aufnahme von Bildern zu Ihren Titeln ist die bereits erfolgte Meldung der bibliografischen Angaben an das VLB. Bereiten Sie zunächst Ihre Bilder vor: Cover und Cover-Rückseite, evtl. Autorenporträt, Inhaltsverzeichnis, Leseprobe und vieles mehr. Gehen Sie zu Ihrem Buch in der VLB-Übersicht und laden Sie die Bilder hoch. Das geht erstaunlich schnell. Angenommen werden Bilder im JPG- und PNG-Format. Möglicherweise funktioniert es auch mit anderen Bild-Formaten; das habe ich nicht ausprobiert.

Hinweis: Greifen Sie Cover- und Cover-Rückseiten-Bilder von der Cover-Vorlage ab (im Mac beispielsweise mit cmd+shilft+4 oder mit speziellen Screenshot-Programm). Das *Einscannen* derartiger Bilder bedeutet einen Qualitätsverlust.

Die Bilder erhalten vom VLB automatisch einen Namen, der mit Ihrer ISB-Nummer identisch ist (Beispiel-Dateiname: 978123456789X.jpg). Die maximale

Dateigröße beträgt 1 MB bei mindestens 400 Pixel. Farbmodus: RGB, kein CMYK oder sonstige Formate.

Um zu sehen, ob es geklappt hat, speichern Sie ab und rufen nach ein paar Sekunden das Werk erneut über den Titelservice auf. Dort erscheint in einer Zeile ein Hinweis, dass die Datei vorliegt.

Adressbuch für den deutschsprachigen Buchhandel

Inzwischen gibt es aber eine weitere Möglichkeit. Das „Adressbuch für den deutschsprachigen Buchhandel" (AdB) ging im Oktober 2013 online und ist auf www.adb-online.de verfügbar. Hier hat jeder VLB-Nutzer unkomplizierten und preiswerten Zugriff auf die Adressen von rund 7.500 Buchhandlungen und 24.000 Verlagen. Zudem lässt sich im nationalen ISBN-Register und im Verkehrsnummernregister recherchieren.

Nutzen Sie die Reichweite von adb-online.de! Über Ihren Adresseintrag ist Ihr Verlag für jeden Marktteilnehmer blitzschnell auffindbar. Das AdB liefert auch die Adressgrundlage für das „Verzeichnis lieferbarer Bücher" (VLB) und das internationale ISBN-Register. Mit einem korrekten Eintrag sorgen Sie also auch dort für aktuelle Angaben. Die Eintragung im „Adressbuch für den deutschsprachigen Buchhandel" kostet 16,- € pro Jahr zzgl. MwSt.

eBook-Listung bei Amazon

Matthias Matting, Focus-Redakteur und Autor von „Kindle – das inoffizielle Handbuch" schreibt: Ziel sollte sein, die Hitliste der meistverkauften Kindle-Bücher zu erreichen. Idealerweise die allgemeine Top 100, doch es hilft auch schon, zumindest in den beiden Rubriken-Listen vorn zu sein, in die Sie Ihr Buch eingeordnet haben. Weisen Sie Verwandte und Freunde auf das eigene Werk hin. Mit zehn Downloads, so die Erfahrung des Autors Matting, gehört man meist schon zur Spitzengruppe in einer Rubrik und taucht auch in den allgemeinen Top100 auf (etwa Platz 75-100). Das heißt, selbst mit minimalen Verkäufen landen Sie derzeit noch auf vorderen Plätzen, eben weil der Markt für eBooks in Deutschland noch relativ klein ist. Bei Amazon basiert die Berechnung des Listenplatzes auf dem Umsatz, nicht auf den Downloadzahlen.

Die interessierten Leser suchen in den Suchfunktionen. Das heißt, Sie müssen die Amazon-Algorithmen bedienen, zum einen mit aussagekräftiger Beschreibung und einem optimalen Buchtitel, zum anderen mit „Tags". Das sind Schlüsselworte, die jeder Leser (also auch Sie) Ihrem Buch hinzufügen kann. Amazon Deutschland benutzt angeblich die während des Publizierens eingegebenen Schlüsselbegriffe nicht. Umso wichtiger sind die vom Leser vergebenen Tags.

Legen Sie bei „Author Central", einem kostenlosen Service von Amazon, eine Autorenseite an, laden Vita und Bild hoch und verknüpfen die Seite mit Ihrem Twitter-Account. In Author Central können Sie die neuesten Informationen zu Ihrer Person und zu Ihren Büchern bekanntmachen. Schreiben Sie eine knackige Biografie und erläutern Sie, warum Sie schreiben und was Sie mit Ihren Büchern erreichen möchten. Die Möglichkeit, Videos in Ihr Profil zu integrieren, ermöglicht viele neue Werbemöglichkeiten.

Amazon veröffentlicht die Rangliste Ihres Buches im Verhältnis zu anderen Büchern. Ihr Rang hängt also von den Verkäufen anderer Bücher insgesamt oder im Vergleich zur Sachgruppenliste, in welcher Ihr Buch gelistet ist, ab. Auch wenn Sie nichts verkaufen, erscheint ihr Buch dort mit einem Verkaufsrang. Dieses Ranking ist recht uninteressant.

Interessanter ist, was Sie wirklich verkauft haben. Das erfahren Sie in Ihrem KDP/Amazon-Konto unter „Berichte". Die Monatsberichte lassen sich einzeln herunterladen, sind aber nur im Microsoft-Excel-Format XLS lesbar. Die Verkaufszahlen meiner Bücher waren derart niederschmetternd, dass ich lieber nicht darüber sprechen möchte.

Verkaufen bei Amazon

Wenn Ihr selbstverlegtes Buch beim Verzeichnis Lieferbarer Bücher (VLB) gelistet wurde, wird es über kurz oder lang auch von Amazon und anderen Buchanbietern gefunden und dort annonciert. Sie können Ihre z.B. bei Epubli oder bei einem anderen Print-on-Demand-Anbieter gedruckten Bücher bei Amazon selbst verkaufen. Dazu müssen Sie sich dort als *Verkäufer* eintragen.

Hinweis: Das ist nur sinnvoll, wenn *nicht* Amazon selbst schon Ihr Buch verkauft. Amazon versendet praktisch immer kostenlos, während alle anderen Anbieter Ihres Buches drei Euro Versand verlangen müssen. Der Amazon-

Versand ist unschlagbar und Sie sollten dazu nicht in Konkurrenz treten. Aber wenn Sie z.B. eigene Bücher als *gebraucht* zu einem geringeren Preis verkaufen wollen, dann lohnt sich der Versand über Amazon.

Das geht so: Sie suchen Ihr eigenes Buch bei Amazon und drücken den *Dieses Buch verkaufen*-Botton. Sie müssen sich einloggen und nur drei Fragen zum Buch beantworten. Da es sich um Ihr neues Buch handelt, geben Sie bei Zustand „neu" an, ferner den Verkaufspreis, den Sie schon beim VLB angegeben haben, und schließlich die Anzahl Bücher, die Sie zuhause vorrätig halten.

Das Listen von Büchern bei Amazon-*Marketplace* ist kostenlos; ohnehin haben Sie ja schon Ihr Amazon-Konto.

Für die Buch*bestellung* über Amazon wird eine Verkaufsgebühr von 1,14 EUR (0,99 EUR zzgl. 15% USt.) und 15% des Verkaufspreises (zzgl. 15% USt.) erhoben. Kostet ein Print-on-demand-Buch beispielsweise 8,90 Euro im Handel (wie zuvor beim VLB angegeben), bekommt Amazon 1,14 plus 1,53 gleich 2,67 Euro. Bei print-on-demand-Druckkosten von 7,04 Euro machen Sie pro Buch einen Verlust von 81 Cent. Die Portokosten sind da noch nicht mit berücksichtigt. Verkäufer erhalten bei erfolgreichem Verkauf eine Versandpauschale von 3 Euro, die allerdings in einem komplizierten Rechenverfahren nicht voll ausgezahlt wird. Jedenfalls landet die Transaktion im eben genannten Beispiel finanziell bei ungefähr plus/minus null. Das ist keine attraktive Aussicht. Sie werden den Preis Ihres Buches noch etwas heraufsetzen müssen.

Sobald der Betrag vom Käufer eingeht, wird Ihrem Amazon-Verkäuferkonto der Zahlungsbetrag abzüglich Gebühren und zuzüglich Versandkosten gutgeschrieben. Alle zwei Wochen werden die auf Ihrem Amazon-Verkäuferkonto eingegangenen Beträge auf Ihr Bankkonto überwiesen.

Wenn Sie Urlaub machen oder krank sind, können Sie über Ihr Verkäufer-Konto den Angebotsstatus auf *inaktiv* ändern (und später wieder aktivieren).

Wenn Sie eine Umsatzsteuer-Identifikationsnummer eines Mitgliedslandes der Europäischen Union besitzen, könnten Sie von der Pflicht zur Zahlung der Umsatzsteuer befreit sein. Genaueres erfahren Sie auf der Amazon-FAQ-Seite für „Neue Verkäufer".

Das bisher Gesagte gilt nur, *wenn Sie selbst versenden*.

Versand durch Amazon

Wenn Sie *Versand durch Amazon* nutzen, lagern Sie Ihre Artikel in den Amazon-Versandzentren. Amazon verpackt und versendet bestellte Produkte direkt an die Käufer und leistet den Kundenservice (inklusive der Abwicklung von Rücksendungen) für diese Bestellungen. Sie zahlen Lagergebühren pro Monat und Kubikmeter, ein paar Cent pro Auftrag, Verpackungsmaterial und einige Cent Gewichtsgebühren. Für ein 500 Gramm schweres Buch fallen etwa 3,65 Euro „Erfüllungsgebühr" an plus 15 % Umsatzsteuer gleich 4,20 Euro.

Hinweis: Auch diese Variante lohnt sich nur, wenn nicht schon Amazon selbst Ihr Buch anbietet. Es ist so, dass Amazon die allermeisten relevanten Bücher selbst auf Lager hat. Es hat also keinen Sinn, eigene Bücher zu Amazon zu schicken und auf den Amazon-Seiten als zusätzlicher Anbieter aufzutreten, obwohl Sie bei „Versand durch Amazon" Ihre Bücher kostenlos versendet werden.

Checken Sie also zunächst, ob Ihre Bücher nicht schon von Amazon versendet werden. Wenn nicht, dann schicken Sie einige Exemplare an Amazon. Die übernehmen dann den Rest – natürlich gegen eine Gebühr.

Der Versand (und natürlich zugleich Verkauf) über Amazon erfolgt über „SellerCentral": sellercentral.amazon. de/gp/homepage.html.

Falls noch nicht geschehen, registrieren Sie sich. Die Zwei-Schritt-Verifizierung ist vorgeschrieben, wenn Sie über Amazon verkaufen und verschicken. Der erste Schritt ist Ihr Passwort, der zweite eine sechsstellige Nummer, die Sie beim Einloggen per SMS bekommen.

Zunächst erscheint die Überblicksseite.

1.) Über *Katalog/Produkte hinzufügen* erstellen Sie eine Liste der Waren, die Sie verkaufen wollen. Am einfachsten ist die Auswahl der Ware durch die ISB-Nummer.

2.) *Entwürfe* sind Waren, für die Sie noch nicht alle Dateien bereitgestellt haben – und das sind ziemlich viele Angaben.

3.) Die gelisteten Waren erscheinen im *Lagerbestand/Lagerbestand verwalten*. Aus dieser wählen Sie jene aus, die durch Amazon versandt werden sollen. Sie tauchen in einer zweiten Liste namens *Lagerbestand mit Versand durch Amazon* auf.

4.) Stellen Sie eine Lieferung an ein Amazon-Logistikzentrum zusammen. Es ist nicht ganz einfach, sich durch die erforderlichen Angaben zu quälen. Unter anderem sollten Sie die genauen Maße und das Gewicht jedes einzelnen Buches parat haben.

5.) Amazon führt Sie zum Drucken des Versandscheins. Die Paketkosten sind erstaunlich niedrig. Wenn Sie sich einverstanden erklären, ein Amazon-Verteilzentrum in Polen zu verwenden, sparen Sie noch mal ein paar Cent. Es fallen Lagergebühren an. **Achtung**: Amazon ist daran interessiert, schnellen und großen Umsatz zu machen. Für Waren, die sechs oder zwölf Monate liegenbleiben, fallen Strafgebühren an. Die sind nicht besonders hoch. Außerdem werden Sie rechtzeitig darüber informiert. Sie können sich dann für ein paar Euro die Bücher zurückschicken oder shreddern lassen.

6.) Es gibt weitere Tools, die es Ihnen erlauben, den Überblick zu behalten, darunter *Sendungen an Amazon verwalten*. Jede Sendung hat eine bestimmte Nummer, die sich am datum der Absendung orientiert.

7.) Die Abrechnung ist einerseits unproblematisch, weil sie automatisch durch Amazon erfolgt. Sie ist kompliziert, fast schon undurchschaubar, weil Amazon die Informationen über Verkäufe auf verschiedene *Berichte* verteilt. Es gibt eine Liste der Zahlungen von Amazon an Sie mit jeweiliger Transaktionsnummer. Sie erhalten per Mail zudem Rechnungen für Amazon-Dienstleistungen, einmal die „Verkäufergebühren", das andere Mal für „Gebühren im Zusammenhang mit ‚Versand durch Amazon'". Diese sind *ohne* Transaktionsnummern. Das heißt, Sie müssen mühsam – Einzelversand für Einzelversand – überprüfen, für welche Transaktion welche Gebühr angefallen ist. Wenn es eine Stornierung gibt, erhalten Sie eine Mail mit dem Betreff „Gutschrift veranlasst". Diese Gutschrift geht aber nicht an Sie, sondern an den Besteller, der das Buchzurückgeschickt hat!

8.) Sie melden sich ab über *Einstellungen* rechts oben auf der Seite.

Verkauf via Booklooker

Sie möchten einzelne Artikel verkaufen und dabei einen möglichst guten Preis erzielen. Dann können Sie die Angebote bei Booklooker.de zu einem Preis

Ihrer Wahl einstellen und auf eine Bestellung warten. Natürlich können Sie einen Artikel jederzeit überarbeiten, löschen oder den Preis ändern. Das Anbieten von Artikeln ist zunächst kostenlos. Erst wenn Sie einen Artikel über die Booklooker-Plattform verkaufen, werden 6,9% Verkaufsprovision zzgl. MwSt fällig. Ab 1. Januar 2018 gilt eine Mindestverkaufsprovision in Höhe von 0,10 EUR (zzgl. MwSt) pro Bestellung. Der Kontakt wird direkt zwischen Ihnen und dem Interessenten hergestellt. Über die „Pausieren"-Taste können Sie einzelne Teile Ihres Angebots unterbrechen. Außerdem gibt es einen „Urlaubs-Service". Dort können Sie eingeben, von wann bis wann Ihre Bücher nicht bei Booklooker erscheinen sollen.

Booklooker ist eher ein Liebhaber-Spielzeug. Der Bekanntheitsgrad ist im Vergleich zu Amazon recht gering. Wer aber Amazon nicht mag und diesen Internet-Riesen umgehen möchte, ist mit Booklooker gut bedient.

Versand durch Libri

Es gibt einige wenige Bücher-Großhändler, die Verlagen (nicht Autoren) dabei helfen, ihre Bücher über den Buchhandel zu vertreiben. Einer davon ist Libri, den ich kurz vorstellen möchte.

Libri verschickt Bücher, die in deren großem Versandzentrum von Verlagen gelagert werden, innerhalb von 24 Stunden in Deutschland. Libri verspricht, zum richtigen Zeitpunkt die richtigen Bücher in der richtigen Menge beim richtigen Buchhändler abzuliefern. Der Vertrieb erfolgt bei größerem Bestellungsumfang über das Transportunternehmen Booxpress über Nacht oder als Einzelbestellung ebenfalls innerhalb 24 Stunden als Büchersendung. Auf der Libri.de-Seite findet sich ein informatives Video, welche die Frage beantwortet: Wie kommen die Bücher zum Leser?

Bei Libri in Bad Hersfeld werden fast 1 Million deutsche und internationale Titel gelagert mit zusammen rund 14 Millionen Exemplaren. Libri beliefert etwa 6000 der 9000 deutschen Buchhändler. KNV ist ein Konkurrent von Libri, arbeitet aber nicht grundsätzlich anders.

Das Vertriebssystem von Libri funktioniert so: Der Verlag schließt einen Vertrag mit Libri ab. Libri bekommt 50 % vom Bruttoverkaufspreis des Buches für den schnellen Versand. In den 50 % ist auch die Gewinnspanne für den Buchhändler mit drin. Libri gewährt einen Preisnachlass von zwei Prozentpunkten für wissenschaftliche Fachbücher, die in der Regel höherpreisig sind als die Belletristik. Es werden keine Lagergebühren erhoben.

Nach Abschluss eines Vertrages schickt Libri dem Verlag eine Excel-Tabelle zu, in welcher der Verlag seine über Libri zu vertreibenden Bücher mit ihren bibliografischen Daten auflistet. Das müssen nicht sämtliche Bücher des Verlags sein. Die Tabelle wird eingelesen und allen angeschlossenen Buchhandlungen für Recherche und Bestellung zur Verfügung gestellt.

Libri-Mitarbeiter mit speziellen Kenntnissen bestellen beim Verlag aus dieser Tabelle heraus eine Anzahl von Büchern. Die Zahl richtet sich in der Erstbestellung nach der Erfahrung der Libri-Mitarbeiter mit ähnlichen Werken. Libri kauft also beim Verlag ein; der Verlag stellt Libri die Rechnung, nicht den bestellenden Buchhändlern! Bei massiven Überbeständen im Libri-Lager behält sich Libri das Recht vor, bis zu 20 % an den Verlag zurückzuschicken. Der Bestand wird so kalkuliert, dass er für 3-6 Wochen reicht, bemessen nach den Erfahrungen mit dem bisherigen Verkauf.

Möchte ein Kunde bei seinem Buchhändler ein Buch meines Verlages bestellen, geht die Bestellung an Libri, die innerhalb 24 Stunden umgesetzt wird. Der Verleger erfährt nichts von dieser Bestellung, da er ja sein Geld von Libri erhält, nicht von der Buchhandlung und nicht vom Buchkäufer. Der Verleger muss auch keine Rechnung beilegen.

Mit der Bezahlung lässt sich Libri etwas Zeit. In der Regel dauert es 60 Tage. Wer schneller Geld haben möchte, muss mit 2 % Abzug (Skonto) rechnen.

Verlage können auf ihren Internet-Seiten einen Bestell-Button von My-BookShop integrieren. Der Käufer wird mit den Titeldaten des gewünschten Buches zu einer Auswahlseite aller teilnehmenden Buchhandlungen (derzeit über 3000) geleitet, auf der er beispielsweise anhand von Postleitzahl eine Buchhandlung in seiner Nähe findet. Mit MyBookShop wird der Buch-Einzelhandel wirkungsvoll unterstützt.

Eine sehr schöne Idee ist die, dass bei Libri beteiligte Verlage ihre allgemeinen Verlagsprospekte kostenlos (!) in den Versandwannen an alle Buchhandlungen verschicken können – aber nur sofern diese Buchhandlungen mit Booxpress beliefert werden! Das gilt also nicht für Kleinverlage, die jeweils nur Einzelexemplare verkaufen!

Der Vorteil von Libri ist, dass sich der Kleinverleger nicht um den Versand an Einzelbesteller kümmern muss. Libri lässt sich das mit 20 Prozent vom Einzelverkaufspreis bezahlen. Der Kleinverleger erhält also 50 bis 52 % vom Einzelhandelspreis. Das sollte bei der Gestaltung des Verkaufspreises bedacht werden.

SearchInside

In der herkömmlichen Amazon-Suche können Kunden lediglich anhand von Titel, Autor und Schlagwort nach Büchern suchen. „Search Inside" ermöglicht die Suche nach Wörtern im Fließtext der Bücher und bietet so bessere Suchergebnisse. Der „Blick ins Buch" ist eine einzigartige Möglichkeit für Verlage, ihre Bücher bei Amazon.de zu vermarkten. Kunden, die in der Buchsuche bei Amazon.de nach bestimmten Begriffen suchen, werden durch diese Funktion alle an SearchInside beteiligten Buchtitel angezeigt, in denen dieser Suchbegriff vorkommt, und können sich einige Seiten ansehen. Nachdem Sie den Teilnahmebedingungen zugestimmt haben, erhalten Sie per Email ausführliche Informationen zur Lieferung der Inhalte. In der Regel dauert es vier bis acht Wochen, bis der SearchInside-Inhalt zu einem Titel online ist.

SearchInside ist Verlegern vorbehalten (und nicht für Autoren)! Weitere Informationen siehe http://www.amazon.de/gp/help/customer/display.html?ie=UTF8&nodeId=14209981

Keywords und Suchbegriffe

Die treffenden Schlüssel- und Suchwörter (keywords) finden: Sie können z.B. die Keywords-Datenbank Google nutzen (https://adwords.google.de/select/KeywordToolExternal). Hier wird Ihnen gezeigt, welche Suchbegriffe Nutzer wirklich in Suchmaschinen eingeben. Bei der Google Keyword-Datenbank können Sie auch nur Ihre Webseite eingeben und Google zeigt Ihnen dann die für Sie relevanten Suchbegriffe an. Semager (http://www.semager.de/keywords/?lang=all) schlägt Ihnen alternative und zusätzlich Keywords für ihre Internetseite vor.

Der nächste Schritt in Ihrer Keyword-Recherche ist es, Ihre gesammelten Ideen zu überprüfen. Eine einfache und schnelle Möglichkeit dies zu tun, bietet *Google Suggest*. Dahinter verbirgt sich die Autovervollständigung bei der Eingabe von Suchbegriffen. Geben Sie den Anfang eines Keywords ein und Ihnen werden verschiedene Vorschläge zur Suche gezeigt. Diese sind laut Google die meistverwendeten Suchbegriffe im Zusammenhang mit Ihrem Keyword.

Um Ihre Keywords weiter einzugrenzen, eignet sich bei Ihrer Keyword-Recherche beispielsweise auch das AdWords-Tool von Google. Um dieses nutzen zu können brauchen Sie lein Google-Konto. Unter *AdWords > Tools und Analysen > Keyword-Planer > Ideen für neue Keywords und Anzeigengruppen suchen* tippen Sie nacheinander Ihre Keywords ein und schauen Sie, wie viele Suchen pro Monat dazu durchgeführt werden. Je höher die Suchanfragen und je geringer der Wettbewerb, desto besser.

Quelle: https://www.epubli.de/blog/tipps-tricks-optimierung-amazon-ranking

Suchmaschinenoptimierung

SOE bedeutet „Search Engine Optimization", also „Suchmaschinenoptimierung". Damit ihre Internetseite besser von den Suchmaschinen gefunden wird und im Suchergebnis nach oben rutscht, gibt es einige Tricks, zum Beispiel auf https://www.ranking-check.de/inbound-marketing/seo/. Derartige Hinweise sind eigentlich nur für große Firmen mit ausgedehnter Internetpräsenz relevant. Es gibt keinen goldenen Weg, um bei Google unter den ersten zehn Treffern zu landen. Die Konkurrenz schläft nicht und kennt die Tricks natürlich auch. Diese sind in etwa:

- Vermeiden Sie sprunghafte Erhöhungen Ihrer Webseiten-Zahl. Ihre Webseite soll organisch wachsen, also nicht zu schnell. Letzteres ist nämlich verdächtig. Google bietet „Google Trends" an (http://www.google.de /trends). Tippen Sie mal einen Suchbegriff ein, beispielsweise Ihren Namen oder der Name Ihrer Firma. Tauchen Sie dort auf? Eine Webseite, die einen Blog betreibt und auch sonst in der Szene aktiv ist, wird höher bewertet als eine tote Firmenwebseite. Das wiederum bedeutet: Fügen Sie stetig neue Inhalte (content) in Ihre Seiten ein.

- Probieren Sie Analysesoftware aus. In Deutschland sehr verbreitet sind z.B. E-Tracker, Webtrekk, Infotools und Google Analytics (http://www. google.com/analytics/de-DE/index.html). Ein hilfreiches Tool, welches Sie unbedingt nutzen sollten, sind die Google Webmastertools (http://www.google. com/webmasters/tools/?hl=de). Google sagt Ihnen, wo es Probleme gibt.

- Einige Dateitypen kommen bei Suchmaschinen nicht gut an. Das sind Flash-Filmchen, Frames, große Bilddateien, lange Ladezeiten von zu großen Webseiten mit zu viel Inhalt, langsame Server (falls Sie einen eigenen Server benutzen) und umständlich lange Webseitennamen (also nicht shop.php? cat=3&sid=999383838393&productt=786&land=de sondern /de/shop/bücher/buch1.html).

- Je mehr Links von fremden Webseiten auf Ihre Webseite zeigen, je höher stuft sie eine Suchmaschine in der Wichtigkeit ein. Der wichtigste Parameter für eine gute Optimierung ist die Zahl und Qualität der Links, die auf Ihre Seite verweisen. Google misst diese Popularität durch den Page-Rank. Bitten Sie andere, eine Verknüpfung zu Ihrer Seite zu erstellen.

- Man kann bei Google mittels „Google Sitemaps" seine Webseite bei Google anmelden. Damit kann Google jede Datei auf Ihrem Server zur Kenntnisnahme übermittelt werden. Allerdings sorgt Google Sitmaps nur für eine schnellere Indizierung. Sie erreichen damit keine Verbesserung Ihrer Positionierung in Suchmaschinen. Ändern Sie nicht dauernd Ihre Webseite. Suchmaschinen brauchen ihre Zeit, um Inhalte im WWW zu indizieren.

Soweit die Tipps von https://www.ranking-check.de/. Ob diese was taugen, kann ich nicht beurteilen.

Rezensionen

Für Ihre engeren Freunde und Familienmitglieder ist ein handsigniertes Buch ein schönes und persönliches Geschenk. Verschenken Sie Freude, indem Sie persönliche Widmungen hinzufügen. Bitte Sie diese Freunde, für Amazon eine Rezension zu schreiben. Rezensionen anderer Leser sind ein wichtiges Entscheidungskriterium für potenzielle Käufer. Möglich ist auch ein kurzes Rezensionsvideo. Amazon erlaubt pro Rezensenten nur eine Rezension. Sie müssen sich zwischen der Schrift- und der Videoform entscheiden.

Wenn Sie selbst (noch) keine Blogger-Freunde haben, können Sie Ihre Bücher zusätzlich auf Plattformen wie www.fabelhafte-buecher.de oder www.leselupe.de anbieten. Hier können alle Buchliebhaber Rezensionen verfassen – also auch Ihre Freunde oder Verwandten.

Verschicken Sie dieses Material auch an mögliche Rezensenten, entweder in Zeitschriften- und Zeitungsverlagen oder in Blogs. Fragen Sie, ob Interesse besteht und bieten Sie an, Rezensionsexemplare zuzuschicken – entweder als PDF-Datei oder in gedruckter Form. Bitten Sie darum, dass Sie über die Veröffentlichung einer Rezension informiert werden. Gut ist es, diese Briefe an Fach-Redaktionen zu schicken, besser noch, Sie haben einen namentlich bekannten Ansprechpartner.

Sie können auch eine „Selbstrezension" anbieten. Diese Rezension schreiben Sie nach den Vorgaben des Verlages / der Zeitschrift / des Blogs selbst. Ist nicht ganz elegant, aber durchaus üblich. Oder fragen Sie nach, ob die Redaktion oder der Redakteur einen Rezensenten kennt, an den Sie Werbematerial oder ein Rezensionsexemplar schicken dürfen.

Adressen sammeln

Recherchieren Sie bei Twitter und im Internet nach möglichen Interessenten und sammeln Sie Adressen, die Sie vielleicht auch später noch gebrauchen können.

Achtung: Die neuere Gesetzgebung ab Mitte 2018 schreibt vor, dass Sie nur Emailadressen verwenden dürfen, deren Besitzer eindeutig der Zusendung von Informationen zugestimmt haben. Geben Sie den Adressaten die klare Möglichkeit, den Newsletter (oder was auch immer) abzubestellen.

Das „Adressbuch für den deutschsprachigen Buchhandel" (AdB) ging im Oktober 2013 online und ist auf www.adb-online.de verfügbar. Hier hat jeder VLB-Nutzer unkomplizierten und preiswerten Zugriff auf die Adressen von rund 7.500 Buchhandlungen und 24.000 Verlagen. Zudem lässt sich im nationalen ISBN-Register und im Verkehrsnummernregister recherchieren.

Adressen kommen relativ schnell zusammen, wenn Sie Bestellungen für Buchhandlungen bearbeiten. Sammeln Sie diese Adressen für Werbeaussendungen, Hinweisen zu Neuerscheinungen oder Sonderaktionen Ihres Kleinverlages. Hängen Sie bunte Verkaufszettel an Ihre Email an. Vergessen Sie nicht, den Angeschriebenen die Möglichkeit zu geben, in Zukunft nicht mehr beliefert zu werden.

Legen Sie bei Lesungen eine Liste aus, in die sich Interessierte mit ihrer E-Mail-Adresse eintragen können – und zögern Sie nicht, im Rahmen der Veranstaltung auf diese Möglichkeit hinzuweisen. Legen Sie jedem verkauften Buch eine Postkarte für ein Leser-Feedback und jedem selbst versendeten Buch einen Verlagsprospekt bei. Weisen Sie, wo immer möglich, auf Ihre Homepage hin, die über ein Kontaktfeld verfügt. Und nicht zuletzt: Pflegen Sie Ihren Verteiler, denn die Adressen sind Gold wert!

Anzeigen schalten

Werbeanzeigen sind ein gebräuchlicher Weg, potenzielle Kunden auf ein Buch aufmerksam zu machen. Branchenmagazine wie das „Börsenblatt" bieten die Möglichkeit, mit Anzeigen direkt den Buchhandel anzusprechen. Es geht *wöchentlich* an alle Mitglieder des Börsenvereins und weitere Branchenteilnehmer und ist die auflagenstärkste Fachzeitschrift der Buchbranche. Mitglieder des Börsenvereins erhalten zudem 50 Prozent Rabatt auf Anzeigen (http://www.boersenblatt.net/mediadaten/anzeigeschalten). Eine ¼-Seite Anzeige kostet 350 €.

Kundenmagazine wie das „Buchjournal" werden von den Buchhandlungen eingekauft und kostenlos als Serviceleistung an ihre Kunden abgegeben. Das durch den Börsenverein herausgegebene Buchjournal erscheint mit *sechs Ausgaben im Jahr* und ist das meistgelesene Buchhandelsmagazin.

Außerdem können Sie mit Messemagazinen, wie zum Beispiel dem „Livro. Magazin für besondere Bücher", Ihren Titeln auf den Buchmessen in Leipzig und Frankfurt noch mehr Reichweite verschaffen. Es erscheint in Kooperation mit dem Gemeinschaftsstand „Titel aus Klein- und Selbstverlagen" der ISBN-Agentur. Eine Viertelseite kostet 250 € netto plus 19 % MWSt.

Werbezettel, Verlagsprospekte, Flyer

Sammeln Sie so viele Adressen wie möglich, an die Sie einen Werbezettel oder ein Faltblatt oder Ihren Verlagsprospekt verschicken können. Alles sollte möglichst in Farbe sein. Der Anbieter CeWe-print bietet ein sehr gutes Preis-Leistungs-Verhältnis. Bei CeWe können Sie Flyer und Prospekte aller Art preiswert drucken. Für Serienbriefe benutzen Sie die Seriendruckfunktion ihres Word-Programms.

Flyer: Achten Sie auf den Beschnittrand von 2-3 Millimeter zusätzlich zur Flyergröße. Wie groß der Beschnittrand sein muss, teilt Ihnen die Druckerei mit. Achten Sie auch auf das gewünschte Farbmanagement. Die Druckerei sagt Ihnen, was benötigt wird. Ferner muss auf die Einbettung der Schriften geachtet werden. Öffnen Sie ein Dokument mit den von der Druckerei angegeben Maßen und erstellen Sie das gewünschte Blatt. Speichern Sie dieses Sonderformat unter einem aussagekräftigen Namen. Anschließend konvertieren Sie die Datei in PDF.

Achtung: Ihr Drucker muss virtuell an die Flyer-Größe angepasst werden! Wenn beispielsweise ein DIN A6-Flyer gedruckt werden soll, wird bei Nichtanpassung in der Regel ein DIN A4-Blatt an die Druckerei hochgeladen. Das kann zu Komplikationen führen. Passen Sie Ihren Druck an das gewünschte Format an. Bei Word geht das über „Drucken" und „An Papierformat anpassen". Passen Sie das Druckformat an das *gesamte Dokument* an!

Kostenvergleich Flyer-Druck: DIN A6 10,5 x 14,8, vierfarbig, beidseitig bedruckt auf 135 Gramm Bilderdruck, glänzend, 250 Exemplare. Druckkosten in € incl. MWSt.

Tabelle 4: Kostenvergleich Flyer-Druck

	diedruckerei.de	Cewe-print.de	Myflyer.de	Druckportal.de
Druckkosten	16,98	18,36	19,70	22,24
Standard-versand	kostenlos	kostenlos	kostenlos	kostenlos
Hinweise	mit einfachen Druckhinweisen für Word und Adobe Photoshop; preiswertester Druck-Shop. Bezahlen per PayPal möglich, aber kostenpflichtig. Die Druckerei bevorzugt das direkte Abhe-	mit Grafik-Editor und deutlich besserem Service als diedruckerei.de. Eine Änderung im Auftrag unmittelbar vor der Bezahlung ist schwierig. Man muss den Auftrag von vorne beginnen.		

	ben von Ihrem Giro-Konto.	Bezahlen per PayPal möglich		

vistaprint.de hat Tausende von Designoptionen, aber nichts Spezielles für Autoren, Bücher und Verlage. Druckkosten: 27,98 € incl. MWSt., kostenloser Versand.

flyeralarm.de hat 1971 (!) Druckvorlagen für 30 Branchen, aber „Verlage" und „Bücher" fehlen. Druckkosten: 30,74 € incl. MWSt. und Versand.

Buchhändler ansprechen

Geben Sie als erste effektive Marketing-Maßnahme den Buchhändlern in Ihrem Umfeld ein frisch gedrucktes Exemplar Ihres Buches in die Hand. So sorgen Sie dafür, dass es schon jetzt von Branchen-Profis gelesen wird. Bitten Sie ihn, Ihr Buch auszulegen und an seine Kunden weiterzuempfehlen. Überlegen Sie sich im Vorhinein ein paar gute Argumente, warum Ihr Buch unbedingt in diesem Buchhandel erhältlich sein sollte. Gibt es einen regionalen Bezug? Ein Buchhändler freut sich sicher über Ihre Ideen. Nehmen Sie für alle Fälle noch einen Stapel Visitenkarten mit, damit Sie vorbereitet sind, wenn Ihr Buchhändler nach Ihren Kontaktdaten fragt.

Newsletter verschicken

Newsletter-Verteiler (http://www.epubli.de/blog/e-mail-marketing-brieffreunde-im-social-web): Wenn Sie einen regelmäßigen Newsletter per Mail verschicken, dürfen Sie das nur mit Erlaubnis der Adressaten. Wichtig ist, dass der Newsletter-Abonnent sich jederzeit ganz einfach wieder aus Ihrem Verteiler austragen können muss.

E-Mail Service-Provider wie z.B. Mailchimp ermöglicht es Ihnen, kostenlos E-Mails zu versenden. Ein Vorteil ist, dass Sie sehen können, wer Ihre E-Mails geöffnet und Ihre Links angeklickt hat.

Überschütten Sie Ihre Adressaten nicht mit Neuigkeiten. Newsletter sollten möglichst sparsam eingesetzt werden und nur dann, wenn Sie wirklich Neuigkeiten zu berichten haben. Ihr Formular zur Eintragung in den Newsletter sollte bereits erklären, wie häufig Ihr Newsletter versendet wird. Ein Turnus von monatlich bis vierteljährlich macht für die meisten Fälle Sinn.

Freiexemplare

Es gibt zwei Möglichkeiten, wie Interessenten an ein Freiexemplar kommen: Die erste Möglichkeit ist die aktive Verteilung durch die Verlage. Hier wird eine bestimmte Menge an Exemplaren kostenlos an die Presse und ausgewählte Buchhändler verteilt. Die Auswahl der Empfänger erfolgt gezielt, die Verlage wissen aus Erfahrung, welche Journalisten welche Bücher bekommen. Für einen Autor ist es am Anfang schwierig und zeitaufwendig, die entsprechenden Presse- und Buchhandelskontakte aufzubauen, aber es lohnt sich: Denn kostenlose Bewerbung in der Presse und in einzelnen Buchhandlungen trägt dazu bei, dass sich Ihr Buch gut verkauft! Die zweite Möglichkeit ist, dass die Journalisten und Buchhändler selbst eine Anfrage beim Verlag stellen und um ein Freiexemplar bitten. Bieten Sie Freiexemplare auch im PDF-Format an. Es spart Ihnen Kosten, falls der Journalist oder Blogger diese Form akzeptiert.

Interviews

Interviews erhöhen Ihren Bekanntheitsgrad. Bieten Sie ausgewählten Journalisten von sich aus Interviews an (samt Rezensionsexemplar). Akzeptieren Sie nicht jeden Interviewwunsch, sondern erkundigen Sie sich nach dem Renommee des Mediums und des Interviewers. Nach der Erfahrung eines schreibenden Kollegen erhöht sich die Verkaufszahl pro Interview oder Rezension um zehn (10) Exemplare. Ernüchternd.

Lesungen

Bieten Sie Buchhandlungen Lesungen an. Lesungen können sowohl vom Autor als auch vom Verlag oder dem Agenten organisiert werden. Um den Autor mit seinem Publikum in engen Kontakt zu bringen und dadurch den Buchverkauf voranzutreiben, werden sowohl Einzellesungen als auch ganze Lesetouren veranstaltet. Als Vorbereitung für die Lesung sollten Sie sich Textstellen heraussuchen, die Sie lesen möchten. Wählen Sie besonders griffige Stellen aus Ihrem Buch. Eine Lesung braucht gute Werbung und gezielte Einladungen. Buchhandlungen haben meist bereits einen Leser-Stammkreis. Sorgen Sie auch für Werbematerial.

Piers Alexander, ein Engländer, der einen Roman über ein Verbrechen in einem Londoner Kaffeehaus von 1668 schrieb, erzählt im Epubli-Ratgeber folgende Anekdote:

„'Kaufen Sie mein Buch! Bitte kaufen Sie mein Buch! Danke, dass Sie mein Buch gekauft haben. Habe ich schon erwähnt, dass man mein Buch kaufen kann?' Aus Spaß habe ich ein paar schamlose 'Kaufen Sie mein Buch'-Hinweise in einer Rede untergebracht. Die Leute haben zwar gelacht, aber es hat funktioniert – ich verkaufte mehr Exemplare als alle anderen Autoren auf der Konferenz. Und zwar zum vollen Preis. Aber seien Sie vorsichtig, ich glaube nicht, dass ich es jedes Mal so machen werde."

Sex verkauft sich. Gewalt verkauft sich. Humor verkauft sich. Noch einmal Piers Alexander: „Meine Konferenz-Präsentation zeigte einen fliegenden Hund und eine Glamrock-Band aus den 80er Jahren mit einem nackten Mann unter ihnen. Menschen erinnern sich an solche Sachen. ... Geben Sie alles – Ihre Leser werden es lieben."

Partys feiern

Laden Sie Freunde und Interessierte zu einer Themenparty ein. Das Thema soll sich natürlich auf Ihr Buch beziehen. Sie können sich auch mir Kollegen und Gleichgesinnten zusammenschließen und was Buntes auf die Beine stellen.

Email-Signatur

Eine automatisch eingefügte „Signatur" kann den Email-Verkehr erleichtern und Reklame für Ihr Buch machen. Wenn Sie wissen, wie es geht, können Sie neben Ihren üblichen Kontaktdaten auch einen Link Ihres Buches und Ihrer Homepage einbetten. Auch den Link zu Ihrem Profil auf Facebook, Twitter, Xing oder anderen Social Media Netzwerken können Sie hier hinterlegen. Aber packen Sie nicht zu viele Informationen hinein, damit Ihre Signatur übersichtlich bleibt.

„Signatur" bei Google-Mail: Gehen Sie auf Ihr Google-Mail-Konto. Klicken Sie auf das rechts oben gelegene Zahnrad („Einstellungen") und wählen Sie Einstellungen aus. Scrollen Sie nach unten zum Abschnitt „Signatur". Füllen Sie das Signatur-Kästchen mit dem gewünschten Werbetext aus. Oder fügen Sie ein Bild ein. Diese Bild kann natürlich auch Text enthalten.

Um Bilder zu laden, benötigen Sie ein (kostenloses) „Google Drive"-Konto. Google Drive laden Sie als Programm oder als App runter, und zwar mit Ihren Google-Mail-Zugangsdaten. Das gewünschte Bild müssen Sie dann in den Google-Drive-Ordner auf Ihrem Computer ziehen. Von dort lässt es sich als Signatur einbinden.

(Google Drive verspricht eine kostenlose Speicherkapazität von 15 GB. Möglicherweise werden Sie beim Einrichten von Google Drive feststellen, dass bereits einige Gigabyte belegt sind. Das kommt daher, dass Google Drive alle Ihre Mails als gespeichert ansieht. Es könnte sein, dass Sie einige Mails löschen wollen, um Speicherkapazität freizumachen. Falls Sie systematisch vorgehen wollen – auf dieser Seite finden Sie die Suchoperationen von Google: https://support.google.com/mail/answer/7190)

Achtung: Diese Signatur erscheint nun immer als Anhang ihrer Mails. Das kann peinlich werden, zum Beispiel, wenn Sie kondolieren müssen. Überlegen Sie also, ob die Signatur inhaltlich angebracht ist. Schauen Sie sich die gesamt Mail an, indem Sie auf das kleine Kästchen mit den drei Punkten klicken. Entfernen Sie wenn nötig die Signatur.

Wikipedia

Wenn Sie Sachbücher geschrieben haben, dann platzieren Sie die bibliographischen Daten ihres Buches auf Wikipedia-Seiten, die dieses Sachthema behandeln.

Meine Erfahrungen mit Wikipedia sind schlecht. Oftmals wurden meine Einträge von anderen Wiki-Leuten umgehend gelöscht. Es ist kompliziert, darüber zu diskutieren oder Beschwerden loszuwerden.

Videos

Sie können einzelne Beiträge auch in Video- oder Audio-Form verfassen, um Ihren Lesern mehr Abwechslung zu bieten. Z.B.: *Freiheit verteidigen. Wie wir den Kampf um die offene Gesellschaft gewinnen. Von Ralf Fücks*

Stellen Sie Leseproben bei Youtube und auf die eigene Internetseite ein, oder Interviews und Selbstinterviews. Z.B. *Wie wir den Kampf um die offene Gesellschaft gewinnen. 5 Fragen an Ralf Fücks.*

PayPal

Egal ob geschäftlich oder privat, mit PayPal kaufen und verkaufen Sie weltweit sicher und bequem. Hier kommt es auf das *verkaufen* an, wenn Sie eben Bücher verkaufen wollen.

1. Melden Sie sich kostenlos mit Ihrer E-Mail-Adresse und einem Passwort an und eröffnen Sie ein Geschäftskonto (https://www.paypal.com/de/webapps/mpp/merchant).

2. Wohin soll das Geld fließen? Fügen Sie Ihre Bankkonten oder Kreditkarten zu Ihrem PayPal-Account hinzu. Wählen Sie eine von mehreren PayPal-Lösungen.

3. Integrieren Sie PayPal über einen Partner, einen Entwickler oder eigenständig auf Ihrer Internetseite. Käufer nutzen beim Online-Shopping Ihren PayPal-Button und zahlen einfach, sicher und bequem.

Fragen zu PayPal? Rufen Sie an: 0800 723 4570 oder kontaktieren Sie PayPal (https://www.paypal.com /de/webapps/mpp/contact-us).

Eigene Internetseite

Eigene Internetseite ist hilfreich. Detaillierte Infos dazu würden den Rahmen dieses Buches sprengen. Ich selbst bin Kunde bei „1und1" und habe dort die „1&1 Do-It-Yourself Homepage Privat" für derzeit 4,99 Euro monatlich gebucht. Es gibt schicke vorgefertigte Seiten-Layouts, die Sie mit Inhalten und Bildern füllen können. Wollen Sie mehr Features, zahlen Sie 9,99 Euro pro

Monat. Schauen Sie sich meine Internetpräsenz einmal an: www.geraldma
ckenthun.de.

Das Erstellen der eigenen Webseite ist mit dem Homepage Baukasten von
1und1 ein Kinderspiel. Auf solchen Seiten können Sie Ihre Bücher vorstellen,
Links zu Bestellmöglichkeiten setzten, weitere Inhalte anfügen oder Korrekturen anbringen.

Es gibt eine kostenlose Alternative zu 1und1-Do-It-Yourself-Website: Mit Jimdo (http://de.jimdo.com/) können Sie ebenso leicht eine eigene Webseite
erstellen. Jimdo sieht der 1und1-Homepage zum Verwechseln ähnlich.

Bildergalerie möglichst mit Prominenten, aber auch von einem selbst (aber
ohne Familie!).

Beiträge anderer Autoren, z.B.: *Ein Plädoyer für ökologisches Wachstum. Von
Claas Christophersen. Oder: Im Abstiegskampf suchen die Grünen ihr Heil links.
Von Alan Posener.*

Übersetzung Ihrer Internetseiten

Darstellung in weiteren Sprachen: Bereichern Sie Ihre Website um automatische Übersetzungen von Google-Übersetzer. Mit dem kostenlosen Website-
Übersetzer-Plug-in können Sie Ihre Reichweite vergrößern. Diese Einfügungen
nennt Google „Code-Snippets", das Ergebnis wird Widget genannt. Widgets
sind laut Wikipedia kleine Fenster mit einem sichtbaren Bereich, der Maus-
oder Tastatureingaben empfängt. Die Anmeldung dazu erfolgt über Google
Mail.

- Gehen Sie zu https://translate.google.com/manager/?hl=de

- Klicken Sie auf „Jetzt zu Ihrer Website hinzufügen".

- Geben Sie Ihre URL und die Sprache ein.

Nach weiteren Angaben wird *Code abrufen* geklickt. Sie erhalten zwei Codes,
einmal „für jeder Seite ein, die übersetzt werden soll".

Platzieren Sie dieses Meta-Tag vor dem schließenden </head>-Element. Meiner Erfahrung nach reicht es, wenn Sie diesen Code *einmal* auf Ihrer Internet-
Hauptseite (zum Beispiel index.html) anbringen. Es werden dann auch die
anderen Seiten Ihrer URL übersetzt.

Zweitens ein Code für die Stelle, an der das Website-Übersetzer-Plug-in auf Ihrer Seite angezeigt werden soll. Dieses sollte zum Beispiel auf einer immer sichtbaren Randleiste platziert werden, so dass der Nutzer leicht drauf zugreifen kann. Die Übersetzungsergebnisse bei Google sind mit die besten derzeit und können sich sehen lassen. Sie können die Codes jederzeit in Ihren Einstellungen nachschlagen und ändern.

Sie werden sich vielleicht darüber wundern, dass bei Ausprobieren Ihre Internet-Präsenz plötzlich nur noch in Englisch erscheint. Keine Panik. Schauen Sie oben auf die Browser-Seite, dort finden Sie einen Hinweis darauf, wie die Seiten „in Originalsprache" angezeigt werden können.

Gästebuch und Kommentarfunktion

Die 1&1-Do-it-yourself-Homepage bietet auch ein Gästebuch und eine Kommentarfunktion an. In der Kommentarfunktion können verschiedene Parameter eingestellt werden: Sollen Beiträge erst nach Kontrolle ins Netz gestellt werden? Wollen Sie per Mail über neue Beiträge informiert werden (unbedingt empfehlenswert)? Sollen die Kommentare hintereinander erscheinen oder die neuesten ganz oben? Mir scheint die chronologische Reihenfolge besser als die umgekehrte, bei der die neuesten Beiträge ganz oben stehen. Das Zeitgefühl spielt sonst nicht mit. Ich aktivierte die Funktion in der Hoffnung, dass Leser des Handbuchs ihre Erfahrungen einbringen oder Fragen stellen. Bislang kam nur Schrott.

Standortkarte

Unter „Kontakt" ist es sinnvoll, eine Standortkarte einzublenden. 1und1 bietet an, den Standort oder Wohnort mit *Google Maps* darzustellen. Das geht jedoch nur bei der „Professional"-Version der 1&1-Do-it-yourself-Homepage, nicht bei der preiswerteren „Privat"-Version. Die Privat-Version kostet 4,99 Euro pro Monat, die Business-Version 9,99 Euro.

Achtung: Verwenden Sie nicht irgendwelche Screenshots von Karten aus dem Internet. Diese sind meist kostenpflichtig. Sie einfach zu übernehmen und auf die eigene Internetseite zu stellen kann teuer werden.

Such-Button nur für Ihre Internetseiten

Wenn Sie eine etwas umfangreichere eigene Internetseite haben, kann sich eine Suchfunktion nur für Ihre Seiten und Informationen lohnen.

Spenden-Button für Ihre Internetseiten

Sie haben sich viel Mühe mit Ihren Büchern und Ihrer Webseite gegeben. Warum nicht versuchen, Spenden dafür einzusammeln? Das Zahlsystem PayPal bietet dazu an, einen „Spenden"-Button in ihre Webseite zu integrieren.

Die Einrichtung und Verwendung von Spenden mittels PayPal ist recht einfach. Zunächst brauchen Sie ein eigenes PayPal-Konto. Gehen Sie zu paypal.de und richten ein Konto ein.

- Loggen Sie sich in Ihrem PayPal-Konto ein. Sie landen auf der „Mein Konto"/Übersicht-Seite.

- Geben Sie in die Suchmaske (rechts oben) „Spenden" ein.

- Klicken Sie in den Suchergebnissen auf den Link „Spenden-Buttons".

- Drücken Sie „Button jetzt erstellen".

- Füllen Sie „Schritt 1" aus (Namen, Betrag und andere Details).

- Speichern Sie Ihren Button in „Schritt 2". Es wird der entsprechende HTML-Code erstellt.

- Fügen Sie den HTML-Code auf Ihrer Website ein, um die Schaltfläche „Spenden" zu erstellen.

Wenn ein Käufer auf Spenden klickt, gelangt er zu einer sicheren PayPal-Zahlungsseite, auf der er sich in Ihr bestehendes PayPal-Konto einloggen (oder ein neues Konto eröffnen) und die Überweisung schnell abschließen kann.

Einen eigenen Blog einrichten

Zunächst dachte ich, es sei keine große Sache, einen eigenen Blog einzurichten. „Blog" ist eine Wortkreuzung aus dem englischen Web und Logbuch. Blogs scheinen ungeheuer wichtig, um das eigene Produkt bekannt zu machen. Ich hatte vor, an dieser Stelle fünf bis zehn Blogs vorzustellen, die sich mit Self-Publishing und dem Veröffentlichen von Büchern beschäftigen. Dann las ich im September 2016 in einer Zeitung, dass es allein über 1600 deutschsprachige Literatur-Blogs gibt. Mein Herz rutschte mir in die Hose. Wie soll man sich da durchfinden? Die folgenden Hinweise können also keineswegs den Anspruch erheben, das Thema auch nur ansatzweise vollständig darzustellen.

Ich habe schließlich auf die Einrichtung und den Betrieb eines eigenen Blogs verzichtet. Das Erlernen nimmt sehr viel Zeit in Anspruch, die Anwendung ist kompliziert, sofern man Inhalte einigermaßen ansprechend präsentieren will. Bloggen raubt sehr viel Zeit, aber ohne ständige Aktualisierung der Inhalte sollte man erst gar nicht einen eigenen Blog aufmachen.

Stattdessen habe ich einen versierten Amateur gefunden, der für mich nebenbei für wenig Geld eine WordPress-Seite aufgebaut hat und dem ich Änderungs- und Erweiterungswünsche mitteile, die er dann einbaut.

Einstiegshilfen für Blogger

Die schon oft erwähnten Epublizisten beraten bei der Einrichtung eines eigenen Blogs (http://www.Epublizisten.de/2010/03/blog/).

Eine ziemlich ausführliche Schritt-für-Schritt-Anleitung bietet die Internetseite „Selbstständig im Netz". Die Serie besteht aus 18 Kapiteln mit jeweils zwei oder drei Teilen. Der Blog-Macher Peer Wandinger orientiert darauf, mit dem Blog auch erstes Geld zu verdienen (www.selbstaendig-im-netz).

Ebenfalls Hilfe für Einsteiger bieten die deutschsprachigen *Blogaufbau.de* und *www.blog-camp.de*. Dort kommen auch Fragen loswerden.

Auf was man beim Bloggen achten sollte, beschreiben die Epublizisten auf einer weiteren Seite (siehe „Quellenhinweise und Links" und www.Epublizisten.de/2011/04/bloggen-wie-die-journalisten/).

Unter https://de.letsseewhatworks.com/blog-erstellen schreiben Blogger, wie man erfolgreich einen Blog startet und was das kostet.

Walter Epp gibt *www.schreibsuchti.de* heraus und hat natürlich auch viele Tipps auf Lager. Und natürlich hat er ein eBook daraus gemacht, das kostenlos heruntergeladen werden kann (www.schreibsuchti.de/ebook).

Lustig und informativ ist auch der www.affenblog.de/bloggen. Dort findet man Themen wie: Fünf fundamentale Fehler, die deutschen Bloggern den Erfolg kosten. Oder: Der häufigste Grund, warum kein Schwein deinen Blog besucht. Empfehlenswert!

Ich habe Walter Epp gefragt. Er schrieb: „Ich benutze Wordpress.org, eine Open Source Software für Webseiten.

Dabei habe ich dieses Design gekauft: http://my.studiopress.com/themes /parallax/ und dann noch etwas individualisiert.

Hier habe ich übrigens eine Anleitung, wie man einen solchen Blog wie bei mir in ca. 7 Minuten installiert und zum Laufen bringt:

http://www.schreibsuchti.de/2014/05/11/selbst-gehosteten-blog-erstel len/"

Welchen Anbieter soll ich nehmen?

Einrichten eines Blogs kann mittels der Software *Blogger* oder *Wordpress* erfolgen oder über einen Provider wie *1und1* oder *Strato*. Ob *WordPress* oder *Blogger* – alle bieten eine gute Grundlage für die erfolgreiche Bloggestaltung.

WordPress kommt auf zweierlei Arten daher: als wordpress.org und als wordpress.com. Der Unterschied erschließt sich nicht so leicht. Mit Wordpress kann man Web-Anwendungen für so ziemlich jeden vorstellbaren Zweck verwirklichen, also auch Internetseiten und natürlich Blogs. Auf der .org-Seite kann man die neueste WordPress-Version herunterladen. Die Hilfeseiten sind noch fast alle auf Englisch, doch gibt es seit kurz (Anfang 2017) eine deutschsprachige WordPress-Community. Wordpress.com ist nur auf der ersten Seite auf Deutsch und wechselt dann sofort ins Englische. Hier kann man eine Website oder einen Blog erstellen.

Es gibt Tausende von Erweiterungen und Design-Vorlagen (Themes). Was die Designs angeht, kann man zwischen WordPress-Designs und kommerziellen Designs (Themes) wählen. Es gibt kommerzielle Anbieter, die Hunderte von Designs auf ihren Plattformen zum Kauf anbieten. Sie sind ab 40 Dollar zu haben. Manche Anbieter sind spezialisiert auf bestimmte Themen, beispielsweise Musik, Mode, Literatur oder Kosmetik.

Es wäre vielleicht nicht schlecht, man schaut sich ein bisschen nach einer ansprechenden Grafik um und sucht danach ein Design aus. Das „Thema" sollte

„responsive" sein. Das bedeutet, dass diese Seite auf allen technischen Geräten, also auch auf dem Smartphone, darstellbar ist.

Zuvor sollte man sich aber die Tarife ansehen. WordPress ist im Prinzip kostenlos. Die kostenlose Variante hat den Nachteil, dass auf diesen Seiten Werbung erscheint. Wer die Werbung auf seiner Internet- oder Blog-Seiten ausschalten will, muss die Variante „Persönlich" für drei Euro pro Monat wählen. Die Premium-Variante kostet 8,25 € pro Monat, hat natürlich auch Hunderte von kostenlosen *themes*, und man soll damit Geld verdienen können. Wie das geschehen soll, bleibt erst einmal im Dunkeln.

Die Anwendung von WordPress ist überraschend kompliziert. Der Aufbau ist alles andere als intuitiv. Man muss beispielsweise zwei Mal speichern, bevor eine Änderung wirksam wird: einmal auf der veränderten Seite „Fertig", dann auf der Übersichtsseite „Übernehmen". Der Nutzer kann aus einer unendlichen Anzahl von kleinen Hilfsmitteln (Add-ons) für seine Arbeit auswählen. Das alles ist sehr unübersichtlich.

Für *Blogger* braucht man ein Konto bei Google. Sobald Sie ein Konto bei Google erstellt habt, gehen Sie auf www.blogger.com und betätigt den Button „Blog erstellen". Jetzt werden Sie von Blogger aufgefordert, sich einen Anzeige-Namen zu geben. Wählen Sie diesen sorgfältig, da er später unter all Ihren Kommentaren und Blogeinträgen zu sehen sein wird. Nun müssen Sie ihrem Blog einen Namen und eine Internet-Adresse (URL) geben. Bitte beachten Sie, dass sowohl der Name des Blogs als auch die URL Ihren Namen oder den Ihres Buches beinhalten. Automatisch wird hinten noch „.blogspot.com" angehängt. Blogger schlägt Ihnen nun verschiedene Designvorlagen vor.

Verena von whoismocca.com beispielsweise ist von *Blogspot* auf *WordPress.org* umgestiegen. Natürlich hat sie ihre Erfahrungen gleich in ihrem Blog geteilt.

Wer einen einfachen Einstieg suchen, sollte *Jimdo* ausprobieren (de.jimdo.com/#ref=a1006452).

Weitere Anregungen liefert die Epubli-Seite „10 Buchblogs, die Sie nicht verpassen sollten" (http://www.epubli.de/blog/buch-und-rezensions-blogger). Dort kann man sehen, wie es die anderen machen. Oder man schließt sich einem anderen Blogger an und trägt auf dessen Seiten mit Kommentaren zum Blog bei.

Über Preise kann man hier schlecht sprechen. Man kann die ganze Blog-Sache kostenlos aufziehen, und man kann ebenso viel Geld für ein Super-Design und professionelles Marketing ausgeben. Ein ansprechendes Design mit einigen zusätzlichen Features ist schon für 60 € pro Jahr zu haben.

Je mehr man externe Hilfen in Anspruch nimmt, desto teurer wird es natürlich. Eine billige Idee ist es, einen Wettbewerb für kreative Leistungen zu starten. Auch dafür gibt es bereits eine Plattform: *designenlassen.de*. Mann stellt sein Projekt vor, kreative Entwickler und Designer schauen sich das an und machen einen Kostenvoranschlag. Aus denen können Sie dann auswählen. Die Preise beginnen bei 199 € für ein Logo-Design und bei 399 € für ein Gesamtpaket. Über 25.000 Websites und „Themen" bietet *themeforest* von *envatoMarket* an. Sie kosten um die 50 Dollar.

Worauf kommt es an?

Man kann sich in den vielen Blogs verlieren und der eigene Blog geht in der Masse des Angebots unweigerlich unter. Worauf kommt es an?

- Das allererste ist eine gute Idee und eine hohe Motivation, diese Idee in einen Blog umzusetzen. Wenn Sie nichts zu sagen haben oder diesbezüglich unsicher sind, lassen Sie es sein. Es lohnt der Mühe nicht. Das ist hart, aber gerecht.

- Ein Blog ist dazu da, Wissen zu teilen. Die Informationen müssen irgendwie nützlich sein und einen Mehrwert in sich tragen. Wer Ihren Blog liest, sollte schlauer rausgehen, als er reingekommen ist. Ganz wichtig ist hier eine perfekte Rechtschreibung. Die Rechtschreibreform, vor 20 Jahren ins Werk gesetzt, hat im wesentlichen nur für Verwirrung gesorgt. Egal, bevor sie einen Beitrag rausgeben, lesen Sie ihn noch einmal durch. Besser noch: Lassen Sie ihn von einem anderen Menschen gegenlesen.

- Stellen Sie nicht halbfertige Blogs ins Netz. Arbeiten Sie lieber noch eine Woche mehr daran, ehe Sie online gehen. Ein Blog sollte strukturiert sein und auf den ersten Blick eine kleine Themenübersicht geben.

- Ein Blog muss bedient werden. Es reicht nicht, ab und an ein wenig Inhalt reinzustellen und abzuwarten, ob jemand reagiert. Man muss aktiv Werbung für seinen Blog machen und möglichst regelmäßig neue Inhalte einstellen. Wenn es gut läuft, wird man gelesen und es gibt Reaktionen. Sie müssen bereit sein, auf die eingehenden Kommentare zu antworten. Eine ganze Woche ohne Reaktion verstreichen zu lassen schreckt ab, und die Kommentatoren wenden sich anderen Seiten zu.

- Wichtig ist der erste Eindruck. Die Auswahl des Blog-Designs ist mit entscheidend. Glücklicherweise bitten die Blog-Plattformen viele sogenannte Themen und „Skins" (also Oberflächen) an. Zudem sollte ein Blog nicht nur gut aussehen, sondern auch technisch problemlos funktionieren. Die Software der Block-Anbieter ist heute äußerst ausgefeilt und beinhaltet viele Features, mit denen man sich wahrscheinlich erst im Laufe der Zeit vertraut machen kann. Insbesondere müssen die Kontakt- und Kommentarformulare funktionieren.

- Starten Sie mit dem besten Artikel, den sie haben. Wenn Sie den Start Ihres Blogs bekannt geben, wollen Sie natürlich viele Klicks haben und die Leute sollen wiederkommen. Natürlich müssen und sollen Sie Ihr neues Buch verlinken. Die Werbung kann über die sozialen Plattformen wie Facebook, Twitter und Google Plus erfolgen. Wie man in dieser Datenflut gefunden werden kann, ist mir allerdings schleierhaft. Je attraktiver Ihr Blog ist und umso mehr hochwertigen Inhalt Sie dort teilen, desto glaubwürdiger werden Sie für Ihre Fans und erreichen einen Expertenstatus. Dazu hilft es auch, auf Empfehlungen oder Rezensionen von Dritten zu verweisen.

- Arbeiten Sie mit vielen Fotos. Eine Kamera allein macht noch keine guten Fotos. Mode-Blogger brauche natürlich eine besonders gute Kamera, um die Klamotten gut in Szene zu setzen. Aber überhaupt erfreuen Fotos das Auge und lockern den Text auf. Gute Kameras sind beispielsweise Canon EOS 500D oder Canon EOS 6D. Als Objektiv wird Canon EF 50mm 1.8 empfohlen. Weitere Empfehlungen: Nikon D3200, Pentax Q-S1 oder Olympus PEN E-PL7. Eine gute Foto-Qualität im Blog ist einfach unerlässlich. Die Foto-Bearbeitungsprogramme *Fotoshop* und *Lightroom* sind teuer. Vielleicht reicht schon das kostenlose GIMP.

- Um gefunden zu werden, müssen Sie ihren Blog der Welt zugänglich machen. Benutzen Sie deswegen SEO, also Search Engine Optimaz.ion. Setzen Sie sich mit der Bedeutung von SEO und Keywords auseinander (https://de.letsseewhatworks.com/seo-guide-startups).

- Noch brutaler formuliert es Walter vom Blog „Schreibsuchti": „Die einzigen fünf Ziele beim bloggen, die Ergebnisse liefern – alle anderen sind Zeitverschwendung" (www.schreibsuchti.de/2016/04/26/ ziele-bloggen).

Ihm geht es um mehr Leser, mehr Abonnenten und mehr Geld. Wer einfach nur mal seine Meinung in seinem eigenen Blog sagen will, sei ichzentriert. Der sei einfach nur ein weiterer langweiliger Blogger, für den sich keine Sau interessiert. Der richtige Blogger aber sei von einer Idee inspiriert. Leser wollen inspiriert werden. Gute Blogger wollen nicht überwältigen, nicht manipulieren, nicht langweilen. Sie wollen motivieren. Motivierende Blogger wollen den Leser zum Handeln animieren. Leser wollen Lösungen für ihr Problem.

- Solche Blogs haben meistens folgende Überschriften: Wie du in 7 Minuten einen Blog erstellst. Wie du in fünf Schritten Windows optimierst. 26 Tipps gegen die Schreibblockade. Erfolg und Entspannung unter einen Hut (Markus Cerenak). Marathon Fitness – Dein Dranbleiben Fitness Coach (Mark Maslow). Mama Revolution – die Welt braucht deine weibliche Kraft (Sandra Heim). Leben ohne Limit – Magazin für Psychologie, Philosophie und Persönlichkeit (Joachim Hilbert). Zen Depot – wie du ohne Berater mehr aus deinem Geld machst (Holger). Affenblog - werden 20 Lektionen und den Newsletter, wie du mit einem Blog mehr Kunden gewinnst (Vladi).

- Manchen Blogger wollen aber auch unterhalten. Sie sind spannend, lustig oder satirisch, manchmal leider auch sarkastisch und ironisch. Beispiel: Lassen sie sich auf die Stirn tätowieren: „Nein, ich sammle keinen gottverdammten Treuepunkte!" Lustige Blogs sind aber selten. Laut „Schreibsuchti" verfolgen und erreichen wahrhaft gute Blogs alle fünf Ziele: sie inspirieren, motivieren, lösen Probleme, unterhalten und überzeugen. Alles in einem.

- Aber ist es nicht gerade ein Problem, dass ein guter Blogger eine eierlegende Wollmichsau sein muss? Er soll ja nicht nur bloggen, sondern auch noch einen Podcast, Videos, Bücher, einen Newsletter und Training anbieten und seine Mitglieder verwalten. Ein Podcast hat dieselben Themen wie der Blog. Wer also lieber hört, stand zu lesen, der ist hier richtig aufgehoben. Der Mitglieder-Bereich ist nur für Interessierte, die sich bewusst angemeldet haben, die eventuell sogar einen Beitrag bezahlen, um vertiefte Inhalte aufzurufen. Nebenbei noch Bücher anzubieten, dürfte weniger schwer sein.

Wie machen es die anderen?

Für den Buchblog-Award 2017 wurden anhand einer Publikumsbefragung als beste deutschsprachige Buchblogs ausgewählt:

- https://bookbroker.wordpress.com/ GENRES: Krimi & Thriller, Romance, Literatur;

- https://www.broesels-buecherregal.de/; GENRES: Krimi & Thriller, Jugendbücher, Sachbücher;

- https://www.diebuchbloggerin.de/; GENRES: Literatur, Kinderbücher, Jugendbücher;

- http://kaffeehaussitzer.de/; GENRES: Krimi & Thriller, Literatur, Sachbücher;

- http://www.literaturcafe.de/; Literatur in seiner ganzen Breite;

- https://bookaddiction99.blogspot.de/; GENRES: Fantasy, Literatur, Jugendbücher

- https://papierundtintenwelten.blogspot.de/; GENRES: Krimi & Thriller, Literatur, Jugendbücher

Der Sonderpreis wurde für den besten Instagram-Account, Videoblog, Podcast oder die beste Facebook-Seite ausgerufen. Vom Publikum nominiert wurden:

- https://www.instagram.com/literarischernerd/ (Instagram-Account)

- https://www.youtube.com/channel/UCaRE3g8RIFP9UW-sFNKzaEQ (Youtube-Channel, Vlog)

- https://www.youtube.com/buchgeschichten (Vlog)

- http://viertausendhertz.de/durch-die-gegend/ (Podcast)

- https://www.youtube.com/c/Goldschrift1 (Vlog); GENRES: Krimi & Thriller, Literatur, Jugendbücher

- https://www.facebook.com/ThisIsPierrePetermichl/ (Facebook-Seite); GENRES: Fantasy, Jugendbücher;

- https://www.youtube.com/c/verstand (Vlog); GENRES: Literatur, Sachbücher.

Sich in anderen Blogs einbringen

»We read Indie« ist ein Zusammenschluss von Bloggern, deren Anliegen es ist, regelmäßig auf Literatur aus unabhängigen Verlagen aufmerksam zu machen: https://readindie.wordpress.com/

Selbst die bekannteren Blogger kommen auf kaum zehn Kommentare pro geposteten Beitrag.

Um einen neuen Kontakt herzustellen, kann es hilfreich sein, sich auf dem entsprechenden Blog selbst einzubringen, z. B. Kommentare zu verfassen, und somit den eigenen Expertenstatus zu zeigen.

Sobald ein Gastbeitrag veröffentlicht wird, sollten Sie darauf achten, aufkommende Fragen der Leser (z. B. in den Kommentaren) zu beantworten. Es ist ratsam, alle Beiträge, ob Text oder Video etc., bereits vorab fertig gestellt zu haben.

Eine virtuelle Buchtour ist nicht nur für neue Publikationen gedacht. Sie können auch bereits erschienene Bücher auf diese Weise vermarkten.

Reise von Blog zu Blog (http://www.epubli.de/blog/virtuelle-buchtour-ihr-buch-auf-reise-von-blog-zu-blog): Bei einer traditionellen Buchtour reist ein Autor von Stadt zu Stadt, präsentiert sein Buch, hält Lesungen und gibt Interviews und Autogramme. Dank moderner Technologien können Buchtouren aber auch online, also virtuell, stattfinden. Dabei reist der Autor von Blog zu Blog oder auch Webseiten. Für jeden bereisten Blog wird ein eigener Gastbeitrag verfasst.

Bevor Sie Ihre Buchtour beginnen, sollten Sie einen eigenen Blog oder eine Webseite für Ihr zu promotendes Buch erstellt haben. Dieser Blog dient als Dreh- und Angelpunkt Ihrer virtuellen Buchtour. Dort können Sie für Ihre Zielgruppe all die wichtigen Informationen über sich (Wer bin ich?), Ihr Buch (Worum geht es? Wo kann das Buch gekauft werden?) und Ihre Buch- bzw. Blogtour (Wann und auf welchen Blogs erscheinen Ihre Gastbeiträge? Verlinken Sie diese!) sammeln.

Blogger ansprechen

Blogger sind oftmals Meinungsbildner (http://www.epubli.de/blog/5-tipps-blogger). Mit welchen könnten und sollten Sie kontakt aufnehmen? Informieren Sie sich genau über den jeweiligen Blog: Über welche Themen schreibt der

Blogger und sind diese Themen relevant für Ihr Buch? Sehen Sie nach, ob der Blog aktuell ist: Wann wurde der letzte Artikel veröffentlicht? Werden in regelmäßigen Abständen Artikel geschrieben? Lesen Sie sich die Kommentare der letzten Blogbeiträge durch, um zu sehen, wie die Leser auf den Blog reagieren. Sehen Sie sich den Social Media Auftritt der Blogger an und vergleichen Sie verschiedene Blogger miteinander. Um den Überblick zu bewahren können Sie eine Liste anlegen, in welcher Sie die bewerteten Blogs festhalten und Ihre Favoriten markieren können.

Wenn Sie Kontakt aufnehmen: Wie stellen Sie sich als jemanden vor, der das gleiche Publikum wie der Blogger anspricht? Wie könnte eine Kooperation aussehen und was wären gemeinsame Ziele? Wie lautet das Thema Ihres Buches? Schließen Sie die Mail mit der Anmerkung, dass Sie sich über eine Rückmeldung sehr freuen würden.

Eine Liste mit zehn Buchblogger-Empfehlungen von Epubli gibt es hier: http://www.epubli.de/blog/buch-und-rezensionsblogger.

„Daily Writing Tips" ist leider nur auf Englisch. Wäre natürlich schön, auch auf Deutsch einen Blog für Grammatik, Interpunktion, Schreibtipps und Etymologie zu haben (http://www.dailywritingtips.com/).

„Let's talk about books, baby" heißt es in der deutschsprachigen „Buchkolumne" (http://www.buchkolumne.de/).

Interessant sind auch die Buchblogger https://stefanmesch.wordpress .com/buchtipps/, http://buzzaldrins.de/ und http://www.buecherkaffee .de/, letzteres offenbar nur für Belletristik.

Twitter

Eine einfache und kostenlose Möglichkeit, Interessierte auf Ihre Aktivitäten aufmerksam zu machen, ist Twitter. Rufen Sie twitter.com auf und eröffnen Sie ein Konto. Produzieren Sie ein halbes Dutzend Einträge und warten Sie ab, ob Sie entdeckt werden. Zuvor können Sie selbst ein wenig nach Stichworten suchen und schauen, was andere zu berichten haben, zum Beispiel Verlage und Autoren.

Über den Wert des Zwitscherns ist schon viel gestritten worden. Allein die Menge des Gezwitschers ist abstoßend. Zu viel nichtiger Kram wird rausgehauen, wen soll das interessieren? Andererseits kann man sich als Autor dem Hype kaum entziehen. Machen Sie also mit; vielleicht ist in zwei Jahren zumindest dieser Internet-Spuk schon wieder vorbei.

Im Laufe der Zeit kommen doch mehr und mehr Kontakte zustande. Sie können dort auch spezielle Fragen stellen und erhalten mehr oder weniger zuverlässig Antworten. Das gilt auch für Facebook.

Ein weiteres Feature von Twitter sind die so genannten Hashtags. Diese können als Filter verstanden werden. Fügen Sie in Ihrer Nachricht bei Schlüsselwörtern einfach ein # hinzu. Über die Suche können Sie nun alle Informationen zu dem Thema #Schlüsselwort sich anzeigen lassen. Mehr steckt nicht dahinter. Es gibt noch ein paar Webseiten, die sich auf das Auslesen dieser Hashtags spezialisiert haben.

Facebook

Haben Sie ein Konto bei Facebook? Mir selbst erschließt sich der Mehrwert dieser Kommunikationsform nicht; Facebook scheint eine wirre Mischung aus „Freunde finden" und gesponsorter Werbung zu sein. Aber die Epublizisten sind davon überzeugt (Links unter „Quellenhinweise").

Es gibt inzwischen mehrere *gedruckte* Bücher, die erklären, wie Facebook geht (siehe „Quellenhinweise"). Weitere Buchvorschläge finden Sie bei Amazon, wenn Sie nach „Social media" suchen. Ein brauchbares Buch zum Umgang mit Facebook scheint zu sein: *Facebook. Alles Wichtige* von Rainer Bartel. 19,95 Euro, ISBN-13: 978-3815830666; Data Becker (broschiert).

Ich habe mich angemeldet. Ständig nennt mir das Programm Namen von Leuten, die ich vielleicht kenne. Kenne ich aber nicht. Will ich auch gar nicht kennen. Die sollen ja *mich* kennenlernen. Als zweites werde ich aufgefordert, mein Handy zu verlinken, damit ich immer und überall mit SMS von Leuten belästigt werde, die mir egal sind. Die Foren sind voll mit Kommentaren von verwirrten Nutzern. „Ich klicke mir auf Facebook die Finger wund und komme einfach nicht darauf wie es geht", schreibt „partyband lecker nudelsalat". Die Hälfte aller Facebook-Nutzer soll sich täglich einloggen und im Durchschnitt 55 Minuten im Netzwerk verbringen. Über den Nutzen dieser Tätigkeit ist nichts bekannt.

Es gibt einige Seiten im Internet, die Ihnen helfen, mit diesem sperrigen Instrument umzugehen. Hier nur so viel:

1. Registrieren Sie sich unter http://www.facebook.com

Das ist Ihr persönliches Profil, das Sie *nicht* veröffentlichen. Bearbeiten Sie Ihre Einstellungen für die Privatsphäre entsprechend (*Konto -> Privatsphäre-Einstellungen*). Man fragt sich, warum man ein Profil ausfüllen soll, das nicht veröffentlicht werden soll.

2. Fan-Page anlegen

Das ist der entscheidende Punkt: Um eine Fan-Seite bei Facebook zu erstellen, ist zuerst die Registrierung eines privaten Profils notwendig. Erst danach kann eine „Fan-Seite" erstellt werden. Die Fan-Seite ist öffentlich, erst damit gehen Sie an die Öffentlichkeit! Vom privaten Profil aus können Sie als „Administrator" Ihre eigentliche Facebook-Seite mit Inhalt füllen.

Nachdem Sie eingeloggt sind (unter „Konto" rechts oben können Sie überprüfen, ob Sie es sind), rufen Sie den Link zum Erstellen einer Facebook-Fan-Seite auf (siehe „Quellenhinweise und Links").

Wählen Sie eine Einordnungs-Option unter sechs Vorschlägen. Keine der sechs Vorschläge passt meines Erachtens gut für einen Autor oder Selbstverleger. Unter „Unterhaltung" finden Sie „Buch", unter „Künstler, Band oder öffentliche Person" gibt es die Unterkategorie „Autor". Ich entschied mich für letzteres. Suchen Sie also eine entsprechende Unterkategorie und geben Sie der Seite einen passenden Namen. Der Name erscheint immer dick oben auf der Facebook-Seite. Also gut überlegen.

3. Füllen Sie die Seite mit Inhalten

Suchen Sie ein Logo oder ein Foto aus und laden Sie es hoch. Sehr einfach ist das Hochladen eines Fotos von Ihrer Webseite (falls vorhanden).

Im nächsten Schritt soll ich „Freunde einladen". Aber welche? Jeder halbwegs vernünftige Mensch betrachtet Facebook mit Schrecken oder Unverständnis; keinen meiner echten Freunde möchte ich mit dem Netzwerk belästigen. Ich überspringe den Punkt erst einmal.

Auf der privaten Account-Seite erscheint jetzt in der linken Spalte der Name Ihrer „Fan-Page"-Seite. Wenn Sie da draufdrücken, können Sie die Seite bearbeiten.

Wichtig: Ihre Fan-Seite ist auch ohne Inhalte öffentlich. Zum Ändern klicken Sie in der rechten Spalte Ihrer Fan-Seite auf den Button „Seite bearbeiten" und auf der nächsten Seite aktivieren Sie die Option „Nur Administratoren können diese Seite sehen". Dann können Sie in Ruhe Ihre Seite bearbeiten. Aber nicht vergessen wieder zu deaktivieren.

Erklären Sie Besuchern, was Sie auf der Facebook-Seite erwartet und schreiben Sie einen kurzen Text über Ihr Buchprodukt und Ihren Verlag. Klicken Sie dazu auf den Link „Info" direkt unter Ihrem Namen. Speichern Sie die Inhalte (Button ganz unten) und gehen Sie über *Seite anzeigen* (Button ganz oben) zur Seitenansicht. Diese Inhalte erscheinen auch unter dem Menüpunkt „Info" (in der linken Spalte).

5. Veröffentlichen Sie Ihre Facebook-Seite

Wenn alles fertig ist, können Sie die Fan-Page veröffentlichen. Klicken Sie auf *Seite bearbeiten* und deaktivieren Sie die Option „Nur Administratoren können diese Seite sehen".

Auch nach längerer Beschäftigung mit Facebook wollen meine Gefühle der Verwirrung und der Abwehr nicht verschwinden. Die Facebook-Oberfläche ist unübersichtlich, ebenso wie die angebotenen Funktionen, die oftmals nicht laufen. Die ständigen Hinweise auf Personen, die man vielleicht kennen sollte, nerven. Viele Facebook-Seiten sind tot; der Anteil der Karteileichen dürfte erheblich sein. Im Laufe der Wochen kamen dann aber doch einige „Freunde" zusammen, mit denen eine zaghafte Kommunikation begann.

Epubli bietet an, eine Buchvorschau auf den eigenen Wordpress- oder Facebook-Seiten einzubinden. Meine Facebook-Seite sieht allerdings anders aus als in der Epubli-Anleitung. Es soll das Unterprogramm „Profile HTML" implantiert werden. Mein Versuch schlug fehl; das Programm ließ sich nicht öffnen. Auf Anfrage gab mir Epubli den Tipp, es mit „Static IFRAME Tab App" zu probieren.

Klicken Sie auf *Installieren* („Install Page Tab"); Sie werden aufgefordert, sich bei Facebook anzumelden. Ja – und dann? Es ist zum aus der Haut fahren. Es funktioniert andersherum: Rufen Sie Static IFrame auf, melden Sie sich in einem zweiten Browserfenster bei Facebook an, gehen Sie zurück zu Staitic IFrame und klicken Sie jetzt auf *installieren*. In Ihrem Facebook-Fenster werden Sie aufgefordert *Static Iframe Tab hinzufügen*. Ich sehe keinerlei Reaktion. Unter „Welcome" (wieso hier?) allerdings taucht die Frage nach Autorisierung der Tab-Application auf. Static IFrame will nun ohne Begründung nicht nur auf meine Daten zugreifen, sondern mir auch jederzeit Emails schicken können. Man kann nur annehmen oder ablehnen. Mit schlechtem Gefühl klicke ich auf *Zulassen*. Ich kopiere jetzt die von Epubli für Facebook angegebenen HTML-Zeilen in das freie Feld und drücke *Save setting*. Es ist kein Ergebnis zu sehen. Ich gebe es auf.

Verknüpfen Sie Ihre Seite mit Ihrem Twitter-Konto: Die Aktualisierungen Ihrer Facebook-Seite können Sie zu Twitter exportieren. Auf Ihrer Facebook-Startseite müsste ganz oben irgendwo ein „Klicke hier“-Hinweis sein. Ich weiß nicht wie, aber es klappte.

Facebook und Twitter abmelden

Die beiden Internet-Angebote Facebook und Twitter erwiesen sich zumindest für mich und meine Buchprojekte als Flop. Ich hatte nach einem Jahr der Nutzung zwar einige „Freunde“ auf Facebook, über die ich freilich so gut wie nichts wusste. Gelegentlich erhielt ich Hinweise, dass meine Kontakte etwas gepostet hätten, inhaltlich waren das Banalitäten. Die Darstellung auf der Facebookseite blieb unübersichtlich, die Neuigkeiten und Nachrichten (was ist eigentlich der Unterschied?) nichtssagend. In einem Blog wurde Facebook der „größte Irrgarten des Jahrhunderts“ genannt.

Ich habe mich verabschiedet. Bei Facebook heißt das „löschen“, bei Twitter „deaktivieren“. Das Prozedere ändert sich immer wieder einmal. Die folgenden Zeilen wurden Ende März 2012 geschrieben.

Facebook: Facebook unterscheidet zwischen „deaktivieren“ und „löschen“. Wir wollen den Account dauerhaft und definitiv aus der Datenbank gelöscht. Auf der Facebook-Seite ganz rechts unten „Hilfe“ anklicken und im Suchfenster zum Beispiel nach „Account löschen“ eingeben. Facebook führt Sie zu der Seite https://www.facebook.com/help/delete_account. Wenn Sie ihr Konto immer noch löschen wollen, klicken Sie auf *Mein Konto löschen*. Danach müssen Sie noch einmal Ihr Passwort eingeben.

Facebook löscht Ihre Inhalte innerhalb von 14 Tagen. So lange haben Sie noch Zeit, Ihre Entscheidung zu überdenken. Wenn Sie es sich anders überlegen, locken Sie sich ein und machen Sie die Löschung rückgängig. Facebook betont, dass andernfalls wirklich alle Daten gelöscht werden. Alle Inhalte seien dann unwiederbringlich verloren.

Twitter: Auch Twitter ist ein Internet-Medium, das in Belanglosigkeiten versinkt. Ich habe nicht begriffen, wie man es sinnvoll nutzen kann. Täglich Dutzende, wenn nicht gar Hunderte von Kurzmeldungen, wie soll man die aufnehmen und verdauen? Ich habe in 12 Monaten 81 Tweets verfasst, hatte elf „Follower" und ich folgte 17 Kurznachrichten-Verbrei-tern. Ich erhielt von ihnen etwa 100 Kurzmeldungen pro Tag. Ich las so gut wie keine.

Anderen geht es ähnlich. Beispielsweise Christopher Lauer, er ist innen- und kulturpolitischer Sprecher sowie Vorsitzender der Piraten-Fraktion im Berliner Abgeordnetenhaus. Am 19. Februar 2013 verbreitete die *Frankfurter Allgemeine Zeitung* seine Frustration: „In was für ein Menschen- und Gesellschaftsbild lasse ich mich durch die Nutzung von Twitter eigentlich pressen? Ist es ein Wert, unbedarft jeden Gedanken, der vermeintlich in 140 Zeichen passt, in die Welt zu blasen? Soll jeder immer alles kommentieren?" Das Gezwitscher koste Zeit und Nerven, steigere aber kaum die Wirkung in der Öffentlichkeit. Hierin seien die klassischen Medien unübertroffen.

Konto Löschen: Bei Twitter einloggen; oben auf „Profil" und „Mein Profil ansehen" klicken; rechts oben auf „Profil bearbeiten" klicken; den Reiter „Account" anklicken"; jetzt ganz nach unten scrollen und auf „Deaktiviere meinen Account" klicken; auf „Deaktiviere (Accountname)" klicken; das Passwort erneut eingeben – fertig.

Twitter speichert die Benutzerdaten 30 Tage, danach werden diese dauerhaft gelöscht. Man kann den Account jederzeit reaktivieren, indem man sich innerhalb von 30 Tagen nach der Deaktivierung wieder einloggt.

Tracking-Profile vermeiden: Bei der Gelegenheit könnte man gleich etwas gegen Tracking-Profile unternehmen. Die Internet-Browser speichern Konsum- und Recherche-Verhalten. Dieses Wissen verkaufen die Browser-Betreiber an Firmen weiter. Wer zum Beispiel bei Zalando einkaufte, wird später mit Zalando-Werbung auf gänzlich anderen Internetseiten belästigt.

Für alle gängigen Internet-Browser werden Software-Erweiterungen (Add-ons) angeboten, um das Verfolgen Ihrer Spuren zu unterbinden. Der *Internet-Explorer* von Microsoft bietet ab Version 9 in den Erweiterungen eine Kategorie mit Anti-Tracking-Software wie „EasyList" an. Beim *Firefox*-Browser erfüllt beispielsweise „TrackerBlock" diese Funktion. Teilweise empfohlen werden auch die Blockierer „Adblock Plus" und „Adblock IE", die jegliche Werbung ausschalten sollen. Apple hat es als Option für Entwickler in *Safari 5.1* eingebaut. Für Ungeduldige gibt es ein Freeware-Plug-in für Internet-Explorer, Firefox (jeweils Windows und Apple) und Safari: www.zdnet.de/suche /download/n-tc/%22do+not+track%22.htm.

Eine DoNotTrack-Option soll laut einer Google-Mitteilung vom Februar 2012 bis Ende des Jahres fester Bestandteil von *Chrome* werden. Aktuell (April 2012) hat die kleine Software den Namen „Keep My Opt-Outs". Sie ist zu finden unter   https://chrome.google.com/webstore/detail/hhnjdplhmcnkiecampfdgfjilccfpfoe/details. Klicken Sie auf „Installieren". Die Option wird angeblich unter dem Chrome-Werkzeugsymbol rechts oben abgelegt, ist dort aber nicht zu finden. Trotzdem heißt es, „die Personalisierung von Onlineanzeigen über Cookies wird in Ihrem Browser dauerhaft deaktiviert."

Deutsche Nationalbibliothek

Wer in Deutschland ein Buch veröffentlicht, ist gesetzlich verpflichtet, eine Woche nach Veröffentlichung unaufgefordert zwei kostenlose Exemplare an die Deutsche Nationalbibliothek abzuliefern. Wer dies vergisst, dem droht theoretisch ein Bußgeld in Höhe von bis zu 10.000 Euro. Die DNB mit Sitzen in Frankfurt und Leipzig haben lückenlos alle Werke archiviert und zugänglich gemacht, die seit 1913 in Deutschland veröffentlicht wurden. Der Gesamtbestand der Deutschen Nationalbibliothek belief sich Ende 2010 auf rund 26,1 Millionen Einheiten.

Diese Pflicht gilt im Prinzip auch für eBooks und somit auch für alle, die ihre Werke als Selbstverleger elektronisch anbieten. Doch das Kindle-Mobipocket-Dateiformat eignet sich nach derzeitiger DNB-Einschätzung nicht für die Langzeitarchivierung. Daher verzichtet die DNB derzeit auf eine Ablieferung von Kindle-eBooks.

Allerdings bietet die DNB seit August 2011 allen Autoren an, ihr eBuch auf freiwilliger Basis im unverschlüsselten ePub-Format über die Website der Deutschen Nationalbibliothek abzuliefern. Kindle-Bücher müssen vorher mit dem kostenlosen Programm Calibre in das ePub-Format umgewandelt werden (siehe Abschnitt „Das ePub-Format").

Vor der Ablieferung *elektronischer Bücher* ist eine einmalige Registrierung auf der Internetseite https://www.dnb.de/ erforderlich (http://www.dnb.de/DE/ Netzpublikationen/Ablieferung/Registrierung/registrierung_node.html).   Eine

URL mit der ausführlichen Anleitung zur Ablieferung finden Sie im Abschnitt „Quellenhinweise und Links".

Die Rechercheergebnisse sind verlinkt mit Buchhandel.de, so dass die Möglichkeit besteht, die Lieferbarkeit von Titeln abzufragen und direkt eine Bestellung beim Buchhandel auszulösen.

Auf geheimen Wegen erfährt die Deutsche Nationalbibliothek von Ihren Neuerscheinungen – vermutlich über VLB. Wenn Sie im Online-Portal der Deutschen Nationalbibliothek nach Ihren eigenen Werken recherchieren, sehen Sie rechts davon eventuell den Hinweis „Ankündigung". Das bedeutet, Ihr Werk befindet sich physisch noch nicht in der DNB.

Die Ablieferung von monografischen ePublikationen über das Webformular geht so:

- Sie rufen das Webformular zur Ablieferung von Netzpublikationen auf.
- Sie identifizieren sich mit Ihrer E-Mail-Adresse und Ihrem Passwort.
- Sie füllen das Formular aus und kontrollieren Ihre Eingaben auf der Seite „Daten bestätigen".
- Sie senden das Formular ab und bekommen eine Bestätigung der erfolgreichen Datenübermittlung.

Die Adressen für die physische Übermittlung sind für alle Bücher aus den ostdeutschen Bundesländern einschließlich Berlin und Nordrhein-Westfalen:

Deutsche Nationalbibliothek
Deutscher Platz 1
04103 Leipzig

und für alle westdeutschen Bundesländer (außer Nordrhein-Westfalen):

Deutsche Nationalbibliothek
Adickesallee 1
60322 Frankfurt am Main

Ein erläuterndes Anschreiben ist offenbar nicht nötig.

Melden Sie sich bei der DNB kostenlos an, um alle Features genießen zu können.

Die DNB ist tatsächlich hinter den Neuerscheinungen her. Einen Monat nach Veröffentlichung meines Buches (und Eintrag ins VLB) kam eine freundliche schriftliche Ermahnung, meine Werke abzuliefern.

QR-Code

Der QR-Code (engl. Quick Response) ist ein zweidimensionaler Barcode in Form eines quadratischen schwarz/weiß gepixelten kleinen Feldes. Wenn Ihre Leser diesen QR-Code mit der Kamera ihres Smartphones oder Tablets einlesen, wird direkt Ihr Buch auf Ihrer Website geöffnet.

Ein QR-Code kann über die schon bekannte Webseite tec-it.com generiert werden: http://barcode.tec-it.com/. Gehen Sie dort auf „QR-Code" und geben Sie die gewünschten Daten ein. Das Ergebnis kann als GIF, JPG oder PNG runtergeladen und in ihre Webpräsenz eingebaut werden.

Kurzer Überblick über Lesegeräte

Der Kindle-Reader von Amazon wird in der vierten Generation gebaut und kostet ab 79 Euro. Das gelesene Format ist das hauseigene AZW, aber es werden auch PDF-Dateien dargestellt. Das offene ePub-Format hingegen wird nicht unterstützt. Der Kindle-Reader-Programm kann kostenlos auch auf dem heimischen PC oder auf Laptops benutzt werden.

Der Sony-Reader PRS-T1WC wird ab 65 Euro angeboten (Ebay). Wegen seines berührungsempfindlichen Displays ist die Bedienung einfacher als beim Kindle. Da Sony-Gerät liest das ePub-Format und verweigert Amazons AZW. Der Sony-Reader wird beim Start fest mit einem einzigen Nutzer verknüpft. Das geschieht über das Rechtemanagement von Adobe. Der Nutzer kann die Lesesoftware aber auf seinen PC kopieren und zwischen beiden Geräten wechseln.

Thalia bietet den Oyo-Reader für 99 Euro an (Sommer 2014). Buecher.de hat einen Trekstor-Reader für nur 59 Euro im Angebot, mit einem noch guten, im Vergleich aber deutlich schlechteren Bildschirm als die anderen Geräte.

Das Wechseln zwischen Büchern dauert bei den eReadern länger, als wenn die Leseschätze griffbereit neben einem liegen. Textstellen markieren ist möglich, aber diese wiederfinden dauert ebenfalls länger. Und dann die digitalen Rechteminderung (DRM). Man erwirbt keine eBooks im materiellen Sinne, man kann sie nach der Lektüre nicht verkaufen oder verschenken, sondern erhält allein die Lizenz zum Lesen, die an ein Benutzerkonto des jeweiligen Anbieters gebunden ist. Angenehm schnell geht das Suchen bestimmter Textstellen oder Schlagworte (sofern die Reader eine Suchfunktion anbieten). Die gesuchte Textstelle ist schnell gefunden, aber das Zitieren macht Schwierigkeiten, weil die Seite abhängig von der gewählten Schriftgröße umgebrochen wird. Man muss auf das Kapitel verweisen.

Unter den eBookshops ist Amazon am bequemsten. Der Kindle-Besitzer kann sofort loslesen, wenn das eBuch über Wireless-LAN gekauft und runtergeladen wurde. Die Zahl der deutschsprachigen Titel wurde im Dezember 2011 mit 50.000 angegeben. Der Libri-Shop kam zum gleichen Zeitpunkt auf 140.000 deutschsprachige Digitalbücher. Drei Viertel davon sollen PDF-Dateien sein, der Rest ePubs.

eBücher lesen mit iPad und Smartphone

Man muss nicht ein eBuch-Lesegerät kaufen, um elektronische Bücher zu lesen. Es geht zum Beispiel auch mit einem iPad von Apple. Die Erkennungsleichtigkeit ist bei Sonnenlicht schlechter als auf den eReadern (wie überhaupt das spiegelnde Display nervt), der Akku hält mit zehn Stunden deutlich kürzer und außerdem ist das iPad deutlich schwerer. „Aber auf dem heimischen Sofa macht das Ganze durchaus Spaß", meint der Journalist Michael Spehr in einem Beitrag für die *Frankfurter Allgemeine Zeitung* (17. Jan. 2012). Die iBook-Software von Apple ist mit dem iTunes-Konto verknüpft. Auch bei iBooks wächst das Angebot rasant, erreicht aber noch nicht die hohen Zahlen von Amazon-Kindle. Die eBücher kosten bei iBooks 10 bis 20 Prozent weniger als die gedruckte Ausgabe. Seitenzahlen zum Zitieren gibt es nicht, weil die Seite abhängig von der gewählten Schriftgröße umgebrochen wird. Man muss auf das Kapitel verweisen. Und die Akkulaufzeit ist mit neun bis zehn Stunden deutlich kürzer als bei den auf eBooks spezialisierten Geräten, deren Akkuladung bis zu einem Monat hält.

iBooks versteht ePub (aber nicht das Kindle-Format). ePub-Dateien können mit Calibre hergestellt werden (siehe dort). Allerdings versteht iBooks nur „ePub pur" ohne digitale Rechteminderung. Von Selfpublishern lassen sich also allein „gemeinfreie" ePubs mit iBooks auf dem iPad installieren. Die Titel des kommerziellen Buchhandels sind mit der DRM-Technik von Adobe versehen. Das Kopierschutzsystem „Digital Editions" ist an jeweils einen einzigen PC gebunden, der von Adobe überwacht wird. Um ein ePub-Buch mit Adobes

DRM auf dem Apple-Gerät zu lesen, benötigt man die Gratis-Zusatzsoftware Bluefire und ein Adobe-Konto mit den entsprechenden Nutzungsrechten.

Um die bei Amazon gekauften eBücher auf dem iPad oder dem Smartphone zu lesen, benötigt man die kostenlosen „Amazon App"-Zusatzsoft-ware. Die Amazon-Welt auf dem iPad lässt sich leicht mit dem Kindle verbinden. Amazon geht mit dem bislang nur in den USA erhältlichen „Fire"-Lesegerät diese technische Integration konsequent weiter. Fire ist ein Mittelding von Tablet-PC und eReader.Man kann seine Bibliothek auf beiden Geräten lesen und die Bücher in der Datenwolke von Apple für einen jederzeitigen Abruf speichern. Voraussetzung ist natürlich ein Zugang zu einem Drahtlosnetzwerk. Das Prinzip funktioniert auch mit dem Sony-Reader, dessen Lese-Software auf dem PC kopiert werden kann.

Bücher elektronisch kaufen oder ausleihen – auch kostenlos

Der Dichter Jorge Luis Borges schrieb einmal: „Ich habe mir das Paradies immer als eine Art Bibliothek vorgestellt." Von den Lesestuben der mittelalterlichen Klöster über die prunkvollen Hofbibliotheken des europäischen Barock bis zu den großen Nationalbibliotheken waren und sind Bibliotheken der Ort, an dem das kulturelle Erbe der Menschheit bewahrt wird. In prachtvollen Bildbänden wird dieser Geist lebendig gehalten. Wie gern würde ich dort Bücher lesen: Freundliche Bibliothekarinnen, gedämpftes Gemurmel, der fast mit der Hand zu greifende Respekt vor der geistigen Leistung der Lesenden und Lernenden, die ehrfurchtgebietenden Massen bedruckten Papiers, die auf jede Frage eine Antwort zu haben scheinen.

Und doch wächst die Zahl jener Menschen, die aus praktischen Gründen oder aus mangelnder kultureller Erfahrung Bücher gern auf ihren Lesegeräten oder am Windows-Computer lesen möchten. Wie das bei Kindle funktioniert, wurde schon beschrieben. In diesem Kapitel kommen weitere Möglichkeiten hinzu.

eBücher ausleihen mit „Onleihe"

Die Online-Ausleihe „Onleihe" ist ein digitales Medienangebot von deutschen öffentlichen Bibliotheken (www.onleihe.net). Als registrierter Nutzer bei *Ihrer* örtlichen Bibliothek können Sie von Überall und jeder Zeit digitale Medien ausleihen. In diesem Kapitel werden Möglichkeiten für Apples iPad, iPhone und iPod „touch" vorgestellt. Um von dem Service Gebrauch zu machen, benötigen Sie einen echten und anfassbaren Leihausweis Ihrer Bibliothek am Ort. Es ist kaum zu glauben, aber Sie müssen sich persönlich zu Fuß dorthin begeben und sich ausweisen! Je nach Bibliothek wird eine meist kleine Jahresgebühr fällig. Jedenfalls erhalten Sie eine Benutzernummer und ein Passwort. Damit gehen Sie wieder nach Hause zu ihren Apple-Geräten.

Wie funktioniert die Ausleihe? Die digitalen Bücher sind mit einem DRM-Schutz versehen. Die Digitale Rechteverwaltung (Digital Rights Management DRM) bezeichnet ein Verfahren, mit dem die Nutzung digitaler Medien kontrolliert werden kann. DRM ermöglicht Anbietern neue Abrechnungsmöglichkeiten, um beispielsweise mittels Lizenzen und Berechtigungen sich Nutzungsrechte an Daten (anstatt die Daten selbst) vergüten zu lassen. Die über Onleihe ausleihbaren Medien haben einen DRM-Schutz, der auf einer Adobe-Technologie beruht. Um geliehene eBooks lesen zu können, benötigen Sie also eine Adobe-Identitätsnummer. Die „eBook"-Applikation für Apple-Geräte nützt hier also nichts. Für die Apple-Geräte benutzen Sie vielmehr den Bluefire-Reader, den Sie kostenlos im App-Store bekommen. Beim ersten Start teilen Sie diesem Programm Ihre Adobe-ID und Ihr Passwort mit. Wenn Sie noch keine ID haben, führt ein Link zur entsprechenden Webseite von Adobe. Ferner muss die Zusatzsoftware (App) „Onleihe" aus dem App-Store geladen werden, wenn Sie Bücher oder andere Medien aus dem Onleihe-Angebot für Apple-Geräte ausleihen wollen.

Wenn Sie einen Windows-Computer zum Lesen benutzen wollen, reicht der „Adobe Acrobat Reader", der praktisch auf jedem Windows-Rechner installiert ist. Wenn nicht, so ist er bei Adobe schnell und kostenlos zu haben. Der Adobe Acrobat Reader liest Dateien im PDF-Format, die es ebenfalls über Onleihe gibt. Wenn Sie am Rechner aber ePub-Bücher lesen wollen, müssen Sie zuvor das ebenfalls kostenlose Programm „Adobe Digital Editions" laden.

Wenn Sie auf iPad lesen wollen, müssen Sie grundsätzlich wissen, dass iPads nur über Ihre Mac-Computer (Standgerät oder Laptops) ansprechbar ist. Schließen Sie Ihr iPad an Ihren Mac-Computer an und rufen Sie am Computer „iTunes" auf. Wählen Sie das iPad links auf der Geräteleiste und aktivieren Sie anschließend den Bereich „Apps". Laden Sie die App „Onleihe" aus dem App-Store und wählen Sie nach dem Start Ihre Bibliothek aus, bei der Sie registriert sind. Andere Bibliotheken mit eventuell weiteren Angeboten sind nicht anwählbar. Installieren und wählen Sie den Bluefire-Reader und fügen Sie die ausgewählte Mediendatei hinzu. Diese finden Sie auf einem Mac im Bereich

Dokumente / Digital Editions und auf einem Windows-PC unter *Eigene Dateien / My Digital Editions*. Noch mal: Um überhaupt *ausleihen* zu können, brauchen Sie die Onleihe-App, um *lesen* zu können benötigen Sie die Bluefire-Application.

Der DRM-Schutz führt zu folgenden Ausleihbedingungen: Die eBücher und andere Medien sind 7 bis 14, manchmal 28 Tage ausleihbar. Zeitungen, Hörbücher und Videos sind manchmal nur eine Stunde, manchmal nur ein Tag lang ausleihbar. Danach erlischt der Zugang; Sie brauchen nichts weiter zu tun. Die Auswahl in den Bibliotheken ist eingeschränkt, da es jedes einzelne Buch eine eigene DRM-Lizenz erhalten muss. Die Auswahl wird größer, ist in Deutschland aber noch relativ begrenzt. Doch fast täglich schließen sich weitere Bibliotheken dem Onleihe-Netz an und täglich wächst die Zahl digital ausleibarer Bücher. In Berlin beispielsweise haben sich die öffentlichen Bibliotheken zu einem Verbund namens VOeBB24 zusammengeschlossen (http://www.voebb24.de/). Hier reicht *ein* Ausweis für alle angeschlossenen Bibliotheken.

Kostenlose Online-Bücher

eBooks müssen nichts kosten. Viele Werke sind im Netz verfügbar, deren Urheberrecht nach 70 Jahren ausgelaufen ist. Mit die bekannteste Seite ist die deutsche Variante des amerikanischen Gutenberg-Projekts (http://gutenberg.spiegel.de/). Bücher können nur im Webbrowser gelesen werden. Die amerikanische Webseite http://www.gutenberg.org/ bietet über 36.000 digitalisierte Werke (Stand April 2012). Viele Online-Anbieter stellen kostenlose Bücher ins Netz – oder zumindest kostenlose Leseproben, sofern die Verlage zugestimmt haben. Hier eine kleine Auswahl:

Das beam-eBook-Portal (www.beam-ebooks.de/) bietet tausende eBooks zum Sofort-Download im ePub-, PDF- und Mobipocket-Format, darunter viele kostenlos.

Der iBook-Store lässt sich nur mit Hilfe eines speziellen Apps erreichen. Dort finden Sie dann aber viele kostenlose Angebote, darunter deutsche Klassiker.

Libri konzentriert sich natürlich auf deutsche Bücher (www.libri.de), für iPad und iPhone gibt es eine Libri-App.

Ähnlich wie Libri ist Thalia (www.thalia.de) aufgebaut. Thalia hat einen eigenen Reader in Konkurrenz zu Kindle.

Über Kindle wurde schon ausführlich gesprochen. Kindle bietet für iPad eine App an. Auch hier sind viele deutschsprachige Werke (und aus vielen anderen Sprachen) kostenlos zu haben.

Es gibt inzwischen viele hervorragende Suchmaschinen, um Bücher – elektronische wie physikalische – im Internet zu finden. http://openlibrary.org zeigt an, wo physikalische und elektronische Bücher zu haben sind und bietet sie manchmal gleich selbst zum Download an.

Einen Überblick über gemeinfreie eBücher bietet feedbooks.com. In der virtuellen Bibliothek „British Library 19th Century Books" beispielsweise findet man englische Bücher aus allen nur denkbaren Disziplinen, wissenschaftliche Literatur und Belletristik, Skurriles neben Klassikern. Die Applikation ist gratis.

Zusammenfassender Überblick

Elektronisch oder gedruckt?

Je nachdem, was Sie wollen und Ihnen vorschwebt, stehen Ihnen verschiedene, in diesem Buch beschriebene Optionen zur Verfügung.

A: elektronisch

1) Kindle: Sie wollen eigene Texte bei *Kindle* (und nur dort) *elektronisch* anbieten. Dazu stehen die Kapitel „Kindle / Schritte 1 bis 8" zur Verfügung. Im Prinzip brauchen Sie dazu einen Text, ein Titelblatt, eine Überprüfungssoftware und eine Konvertierung. Letztere sind in Amazon/Kindle eingebunden. Eine ISB-Nummer ist nicht nötig, die Amazon-eigene Verkaufsnummer ASIN reicht.

Vorteile: Ausgefeiltes Programm, einfache Handhabung, weltweit bekannte Marke. Wirklich kostenlos. Eine eigene ISB-Nummer kann prinzipiell mit dem eBuch verbunden werden, ist aber nicht sinnvoll (siehe Kapitel „ISB-Nummer beantragen und einsetzen"). Änderungen und Ergänzungen sind jederzeit möglich. Kostenlose Probeseiten für Interessierte.

Nachteile: Verkauf nur für Kindle-Geräte; geringe Formatierungsfreiheit; leichte Verwirrung durch verschiedene Formate; nur Amazon-eigene Verkaufsnummer ASIN.

2) Elektronisch mit fremder ISBN: Sie wollen eigene Texte *elektronisch* anbieten. Wenn Sie nur das wollen, stehen Ihnen Epubli, BoD und Tredition zur Verfügung. Sie bieten die eBook-Veröffentlichung mit ISB-Nummer an.

Vorteile: Man kümmert sich dort um die Vermarktung bei Amazon Kindle (!), im Apple iBookstore und anderen wichtigen Online-Shops. Das Autorenhonorar ist recht hoch und beträgt beispielsweise 60-80 % vom Nettoverkaufspreis

Nachteil: Die Fehlerkorrektur von ePub-Dateien ist manchmal inakzeptabel kompliziert (siehe Kap. „ePub Schritt 5").

3) Elektronisch mit eigener ISBN: Die Veröffentlichung ist manchmal kostenlos, manchmal preiswert, manchmal teuer. Wie Sie an eine eigene ISB-Nummer kommen, wird im Kapitel „ISB-Nummer beantragen" erläutert.

Vorteile: Volle Kontrolle über Ihr Werk, vor allem, wenn Sie beim Verzeichnis Lieferbarer Bücher und in der Deutschen Nationalbibliothek angemeldet sind. Dort müssen Sie ihr eBuch selbst in die Datenbanken eintragen.

Nachteile: Um die Vermarktung müssen Sie sich selbst kümmern, beispielsweise Listung im VLB, bei Amazon, im Apple iBookstore usw.

4) Als PDF-Datei: Sie stellen von Ihrem Text eine PDF-Datei her und binden sie beispielsweise in Ihre eigene Internetseite ein.

Vorteile: kostenlos; es bedarf keiner ISB-Nummer. Einfachste Methode von allen.

Nachteile: geringe Verbreitungschancen. Geld lässt sich damit nicht verdienen. Nicht zu empfehlen.

B: gedruckt

Sie wollen eigene Texte *gedruckt* verbreiten. Dazu gibt es verschiedene Varianten:

1) Ohne eigenen Verlag und ohne eigene ISB-Nummer: Sie haben keinen eigenen Verlag und wollen einen bestehenden Verlag mit der Vermarktung beauftragen. Dazu bieten sich BoD, Epubli und Tredition an (siehe Abschnitt „Buchdruck bei Epubli"). Im Prinzip brauchen Sie dazu nur einen Buchumschlag und eine Text-Datei, beide im PDF-Format.

Epubli, BoD und Tredition kümmern sich mit einer internen ISB-Nummer um den Druck, den Versand und die Vermarktung. Epubli besorgt zusätzlich die Anmeldung im Verzeichnis Lieferbarer Bücher (VLB) und die Anmeldung bei Amazon und anderen Online-Shops. Bei Tredition können Sie diesen Service hinzubuchen.

Vorteile: Die Mühsal von Versand und Vermarktung wird Ihnen abgenommen. Die genannten Plattformen stellen Ihr Werk bei Amazon, bei GoogleBooks usw. ein, wo es gekauft werden kann. Und sie machen Ihr Buch „sichtbar" für alle Buchhändler. Einmal im Monat oder alle Vierteljahre bekommen Sie eine Abrechnung.

Nachteile: Korrekturen oder Neuauflagen sind teilweise kostenpflichtig. Bei Änderungen am Layout, Inhalt und Inhaltsverzeichnis muss von Epubli eine neue ISB-Nummer gekauft werden; die alte verfällt (Stand 2016). Die Löschung der alten Version kann nicht selbständig erfolgen, sondern muss auf Antrag durch Epubli vorgenommen werden (kontakt@epubli.de). Nur wenn der Umschlag neu gestaltet, der Verkaufspreis neu festgesetzt oder die Neben- und Werbungstexte verändert werden, ist keine neue ISBN notwendig. Alle drei Plattformen bieten keine Lagerhaltung an. Es wird tatsächlich nur bei Bedarf (on demand) gedruckt.

2) Eigener Verlag ohne eigene ISB-Nummer: Sie übernehmen die ISB-Nummer der Druckerei, aber auf Titelblatt und ins Impressum kommt Ihr Verlagslogo. Herausgeber sind dann Sie, während Sie in Variante 1 die Plattform (Epubli, BoD, Tredition) im Impressum als Verlag angeben.

Vorteil: Als eigener Verlag haben Sie viel mehr Möglichkeiten der Werbung und der Vermarktung, beispielsweise durch eigene Flyer usw.

Nachteil: Nicht ersichtlich, allenfalls dass Sie sich rechtlich für ein Jahr an die Plattform binden. Vorherige Vertragsauflösung kann eventuell Kosten verursachen. Erkundigen Sie sich vorher, wenn Ihnen das Sorgen bereitet.

3) Eigener Verlag mit eigener ISB-Nummer: Sie haben eine eigene ISBN und lassen das Buch drucken – **a)** entweder als Print-on-Demand oder **b)** auf Vorrat; ab 10 bzw. 25 Exemplare reduzieren sich die Kosten je Buch.

Zur Gründung eines Verlags mit eigener ISB-Nummer siehe Kapitel „Handelsregistereintrag", „Gewerbeanmeldung" und „ISB-Nummer beantragen".

3a) *Vorteile*: Keine Lagerhaltung, kein mühsamer Eigenversand, kein rechnungsschreiben. Volle Kontrolle über Text, Erscheinungsart usw. Änderungen sind jederzeit möglich. Gute Vermarktungsmöglichkeiten mittels VLB, Deutsche Nationalbibliothek und die neuen „Social medias". Sehr zu empfehlen.

3b) *Nachteile*: Sie müssen die auf Vorrat bestellten Bücher irgendwo lagern. Sie müssen jede einzelne Bestellung selbst versenden. Stellen Sie sich vor, Sie erhalten innerhalb eines Monats 100 Bestellungen. Sie müssen jedes Buch einzeln verpacken, eine Rechnung schreiben, Versandtüten und Briefmarken kaufen und alles zur Post bringen. Sie müssen sich zusätzlich um die Vermarktung kümmern. Das kostet erheblich Zeit. Was passiert, wenn Sie im Urlaub sind? Wer bearbeitet eingehende Bestellungen? Weniger zu empfehlen.

Als Self-Publisher habe ich mir folgendes Verfahren erarbeitet:

- Erst einen guten Text mit allem Drum und Dran erstellen, einschließlich Cover, Impressum, Titelei, Klappentext, Stichwörtern, Inhaltsverzeichnis, Nebenangaben usw. ISB-Nummern liegen vor.
- Hochladen der Print-Version mit eigener ISBN und des Covers (Vor- und Rückseite) zu Epubli, BoD oder CreateSpace. Diese übernehmen Druck und Versand.
- Vermarktung über die eigene Internetseite, Flyer, Rundschreiben etc.
- Um den detaillierten Eintrag in das Verzeichnis lieferbarer Bücher kümmere ich mich selbst.
- Zwei Belegexemplare an die Deutsche Nationalbibliothek schicken.

Preis- und Leistungsvergleiche

Beispielberechnung 1 Buchdruck

Um Ihnen einen ersten Eindruck über die auf Sie zukommenden Kosten zu geben, folgt eine Vergleichstabelle. Die Grunddaten werden wie folgt angenommen:

Buchdruck mit 300 S., Hardcover (gebunden), Buchblock ohne Farbseiten; gewünschte Seitengröße B 16,5 x H 23,5 cm, Papier chamois bzw. cremeweiß 90 Gramm; eigener Umschlag (keine Vorlage); Ihre eigene ISBN; Druck von 100 Eigenexemplaren; Vertrieb über den gesamten deutschen Buchhandel (außer CreateSpace).

Wie Sie sehen, steht die gewünschte Buchgröße nicht zur Verfügung, bzw. wird sehr teuer (siehe BoD 2). Die Preisspannen sind enorm. Die Gründe dafür liegen in der Kalkulation, sind Außenstehenden also nicht bekannt.

	Trediti-on.de (Login Verlage)	BoD.de (1) (Verlage)	BoD.de (2) (Verlage)	Epubli.de (Buch-druck)	Crea-teSpace (Amazon)
vorgegebene Buchgröße	17,0 x 24,0	17,0 x 22,0		17,0 x 24,00	15.24 x 22.86 cm (6'' x 9'')
Sondermaße Buchgröße	16,5 x 23,5 zum glei-chen Preis		16,5 x 23,5 Sonder-größe		nur Soft-cover!
kalkulierter Ladenpreis	29,99	29,99	29,99 €	34,99 € (Mindest-verkaufs-preis)	25,00 €
entspricht Marge /Tantiemen /Honorar je. verk. Ex. im Handel	4,29	6,92	0,22 €	2,06 €	10,75 €
Einrichtungs-gebühr	entfällt	19,00	19,00 €	entfällt	entfällt
100 Ex. incl. MWSt.	1.496,00 €	1.163,00 €	1.665,00 €	2.039,00 €	370 €, nur Softcover
Kosten zu-sätzl. Eigen-exemplare incl. MWSt, ohne Versand	1-10 Ex. je 17,77	1-24 Ex. je 14,23	1-24 Ex. je 21,88 €	1-24 Ex. je 20,39 €	je Ex. 3,70 €, nur Soft-cover
einmalige Kosten eBook	kostenlos	87,00 €	87,00 €	kostenlos	kostenlos über Kind-le

	Tredition.de (Login Verlage)	BoD.de (1) (Verlage)	BoD.de (2) (Verlage)	Epubli.de (Buchdruck)	CreateSpace (Amazon)
Kosten Korrektur	?	19,00 €	19,00 €	kostenlos	kostenlos
VLB-Listung	79,00 € oder Eigenleistung	Eigenleistung	Eigenleistung	Eigenleistung	theoretisch möglich
Gesamtkosten Buchdruck	1.496,00 € mit eBook	1.182,00 € ohne e-Book	1.684,00 € ohne e-Book	2.039,00 € mit eBook	370,00 € ohne e-Book
Versandkosten	ca. 30,00	ca. 30,00	ca. 30,00	2,95	120,00 €
Zusatzkosten Coverdesign	150,00	150,00	150,00	150,00 €	150,00 €
Lieferzeit innerhalb Deutschlands	5-7 Werktage	5-7 Werktage	5-7 Werktage	8-10 Werktage	7 Arbeitstage

Erläuterungen: *Vorgegebene Buchgröße:* Die Veröffentlichungsplattformen geben einige Standard-Buchgrößen vor. Das reduziert die Kosten. Sondermaße werden gleich deutlich teurer. Der *Ladenpreis* ist weitgehend frei kalkulierbar. Hier wurde er so kalkuliert, dass für Sie ein akzeptables Honorar pro verkauftem Ex-emplar herausspringt. *Kosten Korrektur* bedeutet: So viel müssen Sie für eine korrigierte oder Neuauflage zahlen. *Zusatzkosten Coverdesign*: Sie erstellen Ihr eigenes Cover oder lassen es erstellen. Die Kosten für Grafiker schwanken sehr stark. Sie können diese Kosten sparen, wenn Sie die Covervorlagen der Plattformen verwenden.

Tipp: pdf-Broschüre „Wissenswertes für Selbstverlage" unter http://buch-veroeffentlichen.info/media/mvb_broschuere_wissenswertes_fuer_selbstverlage_2.pdf

Zum Weiterlesen: http://buch-veroeffentlichen.info/bevor-sie-ihr-buch-veroeffentlichen/herstellung-printbuch/

Beispielberechnung 2 Buchdruck

Alle Preise auf diesen Seiten stehen unter Vorbehalt. Der Markt ist ständig in Bewegung. Im Prinzip sinken aber die Druckpreise und andere Kosten. Die Spezifikationen (Stand August 2014):

- Paperback
- 108 Seiten Buchblock im DIN A5-Format (14,8x21,0 cm); Ablieferung als PDF-Datei;
- ein Exemplar bzw. 25 Exemplare;
- Hardcover-Umschlag Vierfarbdruck auf 150 Gramm
- Buchblock einfarbig schwarz, doppelseitig bedruckt auf 80- oder 90-Gramm-Papier
- eBook unabhängig von Seitenzahl und Farbseiten

Die angegebenen Buchpreise sind Bruttopreise in €.

Tabelle 6: Beispielrechnung 2 Kosten Buchdruck

	Epubli.de	**BoD.de „Fun"**	**Tredition.de**
Druck von 1 Ex.	6,12	4,09	8,10
Ab 25. Ex. je	5,51	3,62	7,65
Versand pro Einzellieferung	2,95	1,34	0,00
Versand 25 Ex.	2,95	8,90	6,99
Angenommener Ladenpreis	9,40	9,40	9,40
Gewinnmarge pro Buch im Anbieter-Buchshop	2,52	4,11	1,87
Gewinnmarge im Buchhandel	1,64	2,74	1,31

	Epubli.de	BoD.de „Fun"	Tredition.de
Angenommener eBook Ladenpreis	6,99	6,49	6,49
eBook Marge im Buchhandel	2,75	2,48	2,33
eBook Marge im Anbieter-Buchshop	4,11	3,93	4,37

Stand Februar 2018

Versuch einer Bilanz

Millionär werden mit Kindle?

Die neuen Chancen elektrisieren auch deutsche Autoren. Wie nicht anders zu erwarten, waren plötzlich ein halbes Dutzend *Schritt-für-Schritt-Handbücher* für das damals nur mit einer englischen Oberfläche laufende Kindle-Lesegerät und das Publizieren bei Amazon/Kindle auf dem Markt. Mit am erfolgreichsten war Wolfgang Tischer, der Betreiber von Literaturcafe.de, mit seinem eBuch *Eigene E-Books erstellen und verkaufen.* Im Internet lässt er Interessenten ausführlich an seinen Erfahrungen teilhaben.

Die erfolgreichsten deutschen eBücher sind Vampirromane, Softpornos und Gebrauchsanleitungen, wie man eBücher bei Kindle veröffentlicht. Einige Autoren erklärten den deutschen Lesern das englische Kindle, aber das Lesegerät ist inzwischen für 59 Euro mit deutscher Anleitung zu haben. Ständig ändert sich etwas, mal mit, mal ohne Hinweis.

Wie beim Lotto sind die wundersamen Berichte über Nobodys, die praktisch über Nacht eine Million Bücher über Kindle verkaufen, Einzelbeispiele geblieben. Vampir-Reihen, Erotik, das Bürgerliche Gesetzbuch und die Bibel: Alle anderen Inhalte haben kaum eine Chance, in Deutschland über eine Handvoll Leser hinaus zu kommen. Unter den ersten 20 deutschen Amazon-Beststellern befand sich am 1. Oktober 2013 kein einziges Kindle-eBook. Im Vergleich zum Buchdruck bleibt der Umsatz mager.

Der erwähnte Autor und Literaturexperte Tischer hat ein – im Kindle-Maßstab – erfolgreiches Handbuch zur Erstellung von Kindle-eBooks geschrieben. Seine Zwischenbilanz sieht nach sechs Monaten so aus: Anfang August 2011 wurden die Tantiemen für Mai ausgezahlt. Das waren 100,70 Euro für 335 Exemplare. Damals kostete der Titel in der ersten Ausgabe noch 99 Cent und brachte 35 Prozent Honorarbeteiligung.

Für den Juni wurden Anfang September immerhin 987,96 Euro für 553 Exemplare überwiesen. Die Auszahlung geriet stattlicher, da der Verkaufspreis in der zweiten Auflage heraufgesetzt und die Auszahlung 70 Prozent betrug. Hier schlug sich auch ein Artikel bei SPIEGEL-Online positiv nieder. Zusammen mit dem Juni kam Tischer auf Gesamteinnahmen von rund 1.550 Euro brutto. Sein Buch pendelte immer so um Rang 50 im Kindle-Verkaufsranking.

Ich probierte es bei Kindle mit einem neu geschriebenen Text über die seltsame Fukushima-Debatte in Deutschland. Das Fukushima-Buch entstand parallel zur Entscheidung der Bundesregierung, die acht ältesten Reaktoren vorzeitig zu schließen. Ich war aktuell auf dem Markt, aber ohne Erfolg. Die Texte lagen wie Blei auf dem Kindle-Server, wenn man das heute noch so sagen kann. Es schien mir sinnvoll, Texte zusätzlich in gedruckter Form anzubieten.

Einen Text nur bei Kindle einzustellen ist recht einfach. Mit dem Print-on-Demand sah ich mich weiteren Herausforderungen konfrontiert. Zugleich wirkte eine weitere Information elektrisierend: In Handbücher und Foren heißt es dringend, das zukünftige elektronische Buchformat werde „ePub" sein. Ab sofort hatte ich an mehreren Fronten zu kämpfen.

Wenn ich *echte* Bücher haben will, benötige ich eine ISB-Nummer. Die ISB-Nummern werden von der Agentur für Buchmarktstandards in der MVB Marketing- und Verlagsservice des Buchhandels GmbH vergeben. Seit mehr als 40 Jahren kennzeichnet die Internationale Standard-Buchnummer (ISBN) in aller Welt als kurzes und eindeutiges, auch maschinenlesbares Identifikationsmerkmal jedes Buchprodukt unverwechselbar.

Um an eine eigene ISBN zu kommen, musste ich einen Verlag gründen. Um einen Verlag zu gründen, benötigte ich eine Gewerbeanmeldung. Also Gewerbe als Kleingewerbetreibender angemeldet, ISBN beantragt, Gebühren bezahlt.

Zugleich lernte ich die Konvertierung in das ePub-Format mit dem kostenlosen Calibre-Programm. In der Zwischenzeit war ich auf die Vertriebsplattform E-publi gestoßen. Sie wird vom renommierten Holtzbrinck-Verlag betrieben und hat das ehrgeizige Ziel, Europas größte Plattform für Print-on-Demand zu werden. Epubli.de vereint den Druck physikalischer Bücher und den Vertrieb als elektronisches Buch im ePub-Format. Dort stellte ich den Text über die unsinnige Debatte um den Zahnfüllstoff Amalgam und das Buch über die bizarre deutsche Fukushima-Hysterie ein, jeweils als ePub-Datei, als Buch und als PDF-Datei.

*   *   *

Ich habe die Möglichkeiten des Self-Publishings getestet und bin etwas ernüchtert. Die Vielfalt ist verwirrend: Größenformate, Druckqualität, Schrifttypen, Seitenlayout, Abspeicherungsformate, Preiskalkulationen, Vertriebswege,
elektronische und/oder physikalische Verbreitung – zu fast allem gibt es dut-
zendfache Varianten und vieles ändert sich ständig. Ordnung ist in diese Vielfalt nur schwer zu bekommen. Und dann die ständige Probleme mit hängen-
den Uploads, richtigen und irreführenden Fehlermeldungen, Zurückweisungen, neuen Anläufen, die Wiederholung der Prozeduren bei kleinsten Änderungen, das Lernen der verschiedenen Programme ... wie oft habe ich geflucht! Da ist es fast schon einfacher, einen Verlag zu suchen, der einem viel
Arbeit abnimmt.

Eine weitere Form der Selbstausbeutung?

Die Mühen des elektronischen Publizierens werden unterschätzt. Die Epublizisten von Epubli warnen zu Recht: „Dies ist keine Sache, die Ihr in der Pause
beim Schreiben eines Kapitels abarbeiten solltet. Es ist ein Projekt und dieses
erfordert Zeit und auch ein bisschen Planung.“

Die Warnung gilt für das gesamte Selberveröffentlichen-Projekt. Aus einem
harmlosen Spaß mit Kindle wird unter der Hand eine veritable Aufgabe, die
man nicht mehr nebenbei erledigen kann. Den Möglichkeiten für Autoren sind
im Netz fast keine Grenzen gesetzt. Aber genau das ist das Problem.

Ich spreche hier nicht von der Pflege der Einträge beim Verzeichnis Lieferbarer
Bücher (VLB), der im Feld des Self-Publishing seriösesten und wirkungsvollsten
Art, bekannt zu werden. Wer Erfolg im Selbstpublizieren haben will, muss sein
Produkt zusätzlich über Twitter, Facebook und Blogs vermarkten.

Der Nerd und *power user* Michael Kausch beschrieb in einem Beitrag für die
Frankfurter Allgemeine Zeitung seinen digitalen Internetalltag wie folgt: „Meine beiden Blogs nutze ich zur Verbreitung und zur Diskussion meiner Ideen in
Beruf (www.vibrio.eu/blog) und Leben (www. czyslansky.net); mein Profil
pflege ich auf Xing, LinkedIn und Facebook, damit sich andere ein Bild machen
können, ob eine Kontaktaufnahme mit mir für sie einen Mehrwert in irgendei-
ner Form erbringen kann; in Twitter mache ich mir ein schnelles Bild der
Agenden im Tagesgespräch meiner unterschiedlichen peer groups, und ich
teile mich und meine Gedanken wie auch auf Google+ demjenigen mit, der sie
hören will; in Facebook pflege ich alte berufliche und private Kontakte; über

Doodle verwalte ich meine Termine, und da meine Reisebuchungen per Internet auch am einfachsten und schnellsten direkt erfolgen, habe ich meine Sekretärin erst zur Assistentin befördert und dann vor einigen Jahren abgeschafft. Per Foursquare erhalte ich von lieben Freunden immer mal Hinweise auf ordentliche Restaurants (aber nur wenigen Freunden ist in kulinarischen Dingen wirklich zu trauen); über Memonic organisiere ich meine Online-Recherchen und Archivablagen; über Spreed konferiere ich online mit Kunden und Partnern; über Skype halte ich zum Beispiel engen Kontakt mit meiner Tochter in Israel; für meine Tätigkeit in der Agentur kommen dann schnell noch mal ein Dutzend Werkzeuge für Online-Umfragen, die Redaktion und den Versand von E-Mail-Newslettern und vieles mehr dazu. Ein paar Meta-Tools wie Tweetdeck und Netvibes verbinden all diese Internetwerkzeuge und integrieren sie in multifunktionale Cockpits. Erreichbar bin ich überall, jederzeit für jedermann – wenn ich will!"

Kann er noch entscheiden, ob er will? Allein 14 namentlich genannte Programme und Plattformen (und einige unerwähnte), die praktisch täglich, zumindest an fünf Arbeitstagen bedient werden wollen. Ich das die neue Freiheit, das Abenteuer des Self-Publishing und der Selbstvermarktung? Es sieht mehr nach Kärrnerarbeit aus im Dienste einer Freiheit, von der man sich fragt, ob man sie wirklich braucht.

Twitter ist noch mit am einfachsten zu bedienen. Einige Teilnehmer aus meinem Interessenumkreis haben 1500 und mehr „Gefolgsleute" (*follower*) und folgen ebenso vielen Twitterern. Twitter sollte häufig benutzt werden, mindestens jeden zweiten Tag. Wer soll denn das alles lesen? Und wer interessiert sich für die Meldung, dass man jetzt, nachdem der Tag beim Ingeborg-Bachmann-Literaturfest in Klagenfurt beendet ist, an den Wörthersee zum Entspannen geht?

An Facebook mit angeblich über einer Milliarde Teilnehmern kommt man offenbar nicht mehr vorbei. Kann man als Selbstveröffentlicher das Phänomen ignorieren? Will ich in diesem Zusammenspiel von Exhibitionismus und Voyeurismus mitmachen? Facebook entwickelt sich ebenso wie das Internet mit seinen Foren und Kommentarfunktionen zu einem Medium für teils anonyme, teils namentlich agierende, in jedem Fall enthemmte Charaktere, denen das Gefühl abhanden gekommen ist, wann sie lästig und nervend werden. Die Plattform gewinnt eine Monopolstellung, die dem dezentralen und hierarchiefreien Internet widerspricht.

Das Internet stellt nicht nur neue Möglichkeiten bereit, es nimmt auch weg – Zeit und Kraft. Es frisst die Wochenenden, die Abende und den Urlaub. Man wird nervös und ungnädig, weil man stundenweise hochkonzentriert am Schirm sitzen muss, um ja keinen Fehler zu machen. Stimmt auch alles?

Nicht nur das Lernen der neuen Technik mit ihren vielen verschiedenen Programmen ist aufwendig. Wenn Sie auch noch selbst vermarkten wollen, wird es richtig stressig. Twitter, Facebook, der eigene Blog und Xing erzwingen täglich neue Infos. Da kommen rasch 20 Stunden pro Woche zusammen.

Lohnt sich das Mitmachen? Es ist vielleicht wie beim Lotto: Mit scheinbar geringem Einsatz winkt ein Millionenpublikum. Die Realität ernüchtert. Von den Millionen, die mitspielen, gewinnen nur einer oder zwei. Die Veröffentlichungen im Selbstverlag versickern noch schneller und gründlicher als ein Buch bei einem Verlag, der einen Namen hat. Derzeit (2013) werden in Deutschland jährlich über 90 000 Bücher von über 25 000 Verlagen herausgegeben. Als Autor ohne Gesicht und Namen geht man in der Flut zuverlässig unter. Es kostet unendliche Mühe, den Kopf über Wasser zu halten, das heißt sich selbst erfolgreich zu vermarkten. Self-Publishing verschärft den Trend zur Selbstausbeutung.

Ein weiterer Trend ist zu beobachten. Die eBuch-Herstellung vollzieht sich nicht unabhängig neben dem Buchdruck und wird nicht einmal dessen erbitterte Konkurrenz werden. Vielmehr werden beide Systeme integriert. Buchverlage bieten zunehmend die elektronische Vermarktung an, und elektronische Verlage nähern sich rasant den Gepflogenheiten der klassischen Verlage. Der große britische Medienkonzern Pearson kaufte für mehr als 100 Millionen Dollar den Self-Publishing-Anbieter „Author Solutions", nach „AmazonCreateSpace" der zweitgrößte Anbieter von Lektorats- und Marketing-Dienstleistungen. Pearson will die Neuerwerbung bei seiner Verlagstochter Penguin ansiedeln. Das Angebot wird irgendwo zwischen dem traditionellen Verlagswesen und dem Self-Publishing liegen. Der kanadische eBook-Anbieter Kobo bietet Autoren Hilfe auf seinem Portal „Kobo Writing Life" an. Der Trend scheint auch Reaktion auf den Qualitätsverlust zu sein, den der Verzicht auf das Lektorieren mit sich brachte. Die Neugründung „Amazon Publishing" tritt als traditioneller Verlag auf – was elektronisch war, soll wieder haptisch werden. Es wird spekuliert, wann Amazon dieses Verlagsgeschäft auch auf Deutschland ausweitet. Wie schon an anderer Stelle gesagt, ist der eBuch-Markt in Deutschland noch ein Randgeschäft. Aber es ist interessant zu beobachten, dass mit kostenpflichtiger Lektorats- und Vermarktungsunterstützung dem Niveauverfall entgegengesteuert wird und reine Elektronik-Anbieter ihre Tätigkeit um herkömmliches Verlagswesen ergänzen. Die Integration beider Bereiche scheint die Entwicklung der kommenden Jahre zu sein.

Doch lieber die Zusammenarbeit mit einem Verlag?

Das Selbstveröffentlichen elektronischer Texte wird den Anteil von Quatsch und Schund im Internet eher vergrößern als vermindern. Die neuen technischen Angebote steigern durchaus die Chance, den eigenen Mist praktisch kostenlos unters Volk zu bringen.

Am Ende der aufwändigen Arbeit der Selbstvermarktung als Autor steht die desillusionierende Bilanz, dass die Zusammenarbeit mit einem renommierten, zumindest bekannten Verlag der bessere und seriösere Weg zu sein scheint. Den eigenen Text einem bekannten Verlag anzudienen bietet in gewissem Maße die Gewähr, vor der Selbstblamierung bewahrt zu werden. Die Lektorate vieler Verlage sind dürftig besetzt oder man spart sie sich gleich ganz, aber der Autor wird gezwungen, sich mit anderen Personen auseinander zu setzen. Verlage, die am Markt etabliert sind, haben ein Gespür dafür, was ankommt und was nicht.

Das Hauptargument fürs Selbstveröffentlichen ist ein Selbstbetrug. Es lautet, die Verlage weisen gute Literatur zurück, die sich nicht rechnet. Das mag vorkommen, scheint aber die Ausnahme zu sein. Unter 25 000 deutschen Verlagen wird es doch wohl ein paar geben, die experimentierfreudig sind. Wer Kontakt mit einem Verlag hat und nicht nur alleine vorm Computer hockt, wird eine Reaktion auf seinen Text bekommen, wird Verbesserungsvorschläge hören, wird über das Titelblatt und den Titel reden können, kann sich auf bewährte Werbungs- und Vertriebswege verlassen. Natürlich kostet das bei den Verlagen, die eine Druckkostenbeteiligung verlangen, manchmal eine Stange Geld. Aber das Veröffentlichen ist wesentlich angenehmer und sicherer.

Zufälligerweise – während dieses Buch entstand – hatte ich bei einem renommierten deutschen Psychologie-Verlag zwei aufwändige Buchprojekte laufen, zwei psychologische Fachbücher mit beträchtlichem Seitenumfang. Ich war erstaunt und beglückt über die sorgfältige Lektorierung und den präzisen Produktionsablauf, bei welchem aus langjähriger Erfahrung auch kleinste Details beachtet werden.

Noch immer werden in Deutschland die großen Auflagen und Umsätze mit gedruckten Büchern gemacht. Sabine Eberts fünfter Hebammenroman startet mit einer Auflage von zweihundertzwanzigtausend Stück und kletterte auf Platz 1 der Spiegel-Bestenliste für Taschenbücher. Nele Neuhaus, Sebastian Fitzek, Dora Heldt und Kerstin Gier schreiben historische Romane und grausame Thriller. Ihre Texte stehen beim Spiegel und bei Amazon ganz oben, in den seriösen Feuilletons jedoch werden sie nicht besprochen. Jeder einzelne von ihnen hat mehr als eine Million Bücher verkauft. Alle hatten schnell einen Verlag, einige leisten sich jetzt erstmals einen echten Lektor, um die Wirkung ihrer Bücher weiter zu steigern. Die Zusatzveröffentlichung als eBuch ist nur Beiwerk.

Mussten die Genannten ebenfalls jene Knebelverträge unterschreiben, die immer noch in der Buchbranche üblich sind und mit denen man als Autor praktisch seine Seele verkauft? Verlage greifen sich schamlos alle, aber auch alle Rechte am Text. Das spricht entschieden für die Freiheit des Self-Publishings. Andererseits ist das Knowhow der Verlage eine wichtige Ressource, um eigene Texte seriös und erfolgreich an die Leser zu bringen.

Schon sie längerem wird mehr geschrieben als gelesen, aber wie könnte man diese Entwicklung entschleunigen? Mit dem Self-Publishing schaltet das Veröffentlichen einen weiteren Gang hoch. Immer mehr Menschen bekommen immer mehr Möglichkeiten, ihre Werke auf den Markt zu werfen, zugleich wird es immer schwieriger, sich in diesem Angebot durchzusetzen. Im gleichen Maße schwindet die Zeit zur kritischen Reflektion. Notgedrungen sinkt die Qualität. Das allermeiste, was produziert wird, wird nicht wahrgenommen, geschweige denn kritisch diskutiert.

Eine Reduktion der Zahl von Neuveröffentlichungen scheint völlig ausgeschlossen. Wer schätzt denn noch die Qualität seines Werkes selbstkritisch als nicht ausreichend ein und stellt es zurück für eine Überarbeitung in späterer Zeit? Ihre Zahl wird mit dem Selbstveröffentlichen weiter abnehmen: „Es ist zwar hingeschmiert, aber bei Kindle kann ich's reinstellen." Die weitgehende Kostenfreiheit des elektronischen Publizierens sorgt für ein rasches Herausgeben. Das elektronische Publizieren treibt das Hamsterrad der Literatur an, und nichts spricht dafür, dass die Qualität steigt.

Doch die deutschen Verlage sind alarmiert durch die hohen Zuwachszahlen aus den USA. Das Gewerbe wird sich umkrempeln, besonders die Buchhändler leiden. Durch die Bestellmöglichkeiten über das Internet verlieren sie ihre

Bedeutung. Wie alles, womit man aufwächst, wird der elektronische Buch- und Lesemarkt von den jungen Leuten wie selbstverständlich assimiliert, während die Älteren ihre Angewohnheiten nur ungern ändern. Für beide wird genug Platz in der Bücherwelt sein.

Quellenhinweise und Links

Adressbuch für den deutschsprachigen Buchhandel (AdB):
www.adb-online.de

Amazon-Kurzleitfaden zur Buchformatierung: https://kdp.amazon.com/self-publishing/help?topicId=A2RYO17TIRUIVI, Version vom 1. Juli 2011

Amazon „AuthorCentral": https://authorcentral.amazon.de/

Amazon „CreateSpace":
https://www.createspace.com/marketingcentral?ref=416792&utm_id=5904

Amazon „SearchInside":
http://www.amazon.de/gp/help/customer/display.html?ie=UTF8&nodeId=14
209981

Amazon „SellerCentral": http://services.amazon.de/programme/versand-durch-amazon/merkmale-und-vorteile/?ld=BADEFBAMar2011

und http://services.amazon.de/landing-pages/europaeisches-verkaeuferkonto/

Barcode-Generator: http://barcode.tec-it.com, Version vom 10. Juli 2011

Buckstern, Maximilian (2011): Bücher gratis für iPhone, Kindle & Co.- So erhalten Sie kostenlos die interessantesten E-Books. URL:
http://www.amazon.de/B%C3%BCcher-erhalten-kostenlos-interessantesten-ebook/dp/B004Y6DRO2/ref=pd_sim_kinc_4, Version vom 1. Juli 2011

Calibre-Konvertierungsprogramm: http://calibre-ebook.com, kostenlos

Calibre-Anleitung zur Erstellung von eBüchern im ePUB-Format: URL:
http://www.Epubli.de/instruction/ebook/convert, Version vom 1. Juli 2011

Calibre-Handbuch, nur auf Englisch: http://manual.calibre-ebook.com/ (Stand August 2011)

Deutsche Nationalbibliothek: Hinweise zum Abliefern elektronischer Bücher:
http://www.dnb.de/DE/Netzpublikationen/Ablieferung/ablieferung_node.htm
l

Epubli: Von der Idee zum eigenen Buch 2014:
http://content.epubli.de/assets/epubli/2014/10/Von-der-Idee-zum-Buch-
2014.pdf

Epubli-Formatierungshilfen für Word (2003, 2007, 2010) oder Open Office:
http://www.Epubli.de/projects/anleitung/formatrules

Epublizisten über Facebook (1)
http://www.Epublizisten.de/2011/04/facebook-nicht-nur-fur-journalisten/;

Epublizisten über Facebook (2)
http://www.Epublizisten.de/2011/04/facebook-fuer-autoren-in-wenigen-
schritten-zur-eigenen-seite/

Epublizisten über das Bloggen: http://www.Epublizisten.de/2011/04/bloggen-
wie-die-journalisten/

Facebook-Hilfen: http://b2b-social-media-marketing.de/?p=313
http://www.lauffire.de/5-easy-tricks-to-get-facebook-fans-fast/

Facebook-Fan-Seite, Erstellen einer – :
http://www.facebook.com/pages/create.php

Friedlander, Joel: Sechs Tipps für die erfolgreiche eBook-Vermarktung
http://www.Epublizisten.de/2011/03/6-tipps-rund-ums-ebook-fur-self-
publisher/, Version vom August 2011

Gimp (Bildbearbeitungs-Software von Softonic): http://gimp.softonic.de/

iStock Photo (lizenzfreie, kostenpflichte Fotos und Videos):
http://deutsch.istockphoto.com/

iStock Photo: Umfang der Verwendungserlaubnis
http://deutsch.istockphoto.com/help/licenses

Kindle for PC: Kindle-Lesesoftware für Ihren Windows-PC (kostenlos): http://www.amazon.com/gp/feature.html/ref=kcp_pc_mkt_lnd?docId=1000426311

KindleGen Version 1.2 (Konvertierungs-Software): http://www.amazon.com/gp/feature.html?docId=1000765211 (nicht empfehlenswert)

Kindle Previewer 1.61 (Software): http://www.amazon.com/gp/feature.html?ie=UTF8&docId=1000234621

Kindle-Hilfeseiten https://kdp.amazon.com/self -publishing/contact-us.

Kunz, Joseph C. Jr.: Erfahrungen mit Self-Publishing http://kunzonpublishing.com/blog/2011/04/13/the-10-commandments-of-becoming-a-successful-self-publisher/, Version vom August 2011. Deutsche Übersetzungen: (http://www.Epublizisten.de/2011/05/10-gruende-fuers-self-publishing/; http://www.Epublizisten.de/2011/06/checkliste-fuer-self-publisher/; http://www.Epublizisten.de/2011/05/10-gebote-fuer-erfolgreiches-self-publishing/

MobiPocket (Software) Version 6.2 vom Juli 2014: http://www.mobipocket.com/en/DownloadSoft/default.asp?Language=DE

Moorstedt, Tobias (2011): „Instant E-Books: Eilige Sachbücher verändern den Buchmarkt". ZDF Berlin. URL: http://blog.zdf.de/hyperland/2011/06/instant-e-books-eilige-sachbuecher-veraendern-den-buchmarkt/, Version vom 1. Juli 2011

Online Marketing Guide 2014 von Epubli: http://content.epubli.de/assets/epubli/2014/11/Online-Marketing-Guide-2014.pdf

Patalong, Frank (2011): „Die E-Book-Frage. Wer braucht noch einen Verlag?". Spiegel online. URL: http://www.spiegel.de/netzwelt/netzpolitik/0,1518,766824-2,00.html, Version vom 1. Juli 2011

PDF-Software eDocPrintPro (kostenfrei) http://www.pdfprinter.at/de/; Anleitung unter http://www.Epubli.de/projects/anleitung/converttopdf (Versionen vom Juli 2011)

PDF Universal Document Converter: http://www.print-driver.de/order/

Pfeiffer, Thomas (2010): Social Media: Wie Sie mit Twitter, Facebook und Co. Ihren Kunden näher kommen [Broschiert]. 29,80 Euro. München: Addison-Wesley, ISBN-13: 978-3827330192

Rachfahl, Kerstin: Kostenlose Videoschulung zu Word, Calibre und Kindle E-Books. http://www.literaturcafe.de/video-e-books-mit-calibre-fuer-kindle-und-andere-e-book-reader-erstellen/

Ross, Tom and Marilyn (2010): The Complete Guide to Self-Publishing. 555 S., es werden nur gedruckte Werke behandelt. 5. Auflage, ISBN-13: 978-1582977188

Ruckzuckbuch.de: Das Books on Demand Handbuch, Version 8, Bücher schreiben, gestalten und Druckdaten erstellen. Edition Octopus im Verlag Monsenstein und Vannerdat, Münster. ISBN 978-3-935363-61-7

Stanza-App: http://itunes.apple.com/de/app/stanza/id284956128?mt=8

Sigil (WYSIWYG-Editor für HTML): http://code.google.com/p/sigil/

Tec-It (Barcode-Erzeuger) auf Deutsch: http://barcode.tec-it.com/?LANG=de

Threepress (ePub-Überprüfungssoftware): http://threepress.org/document/epub-validate

Tischer, Wolfgang (2011): Amazon Kindle: Eigene E-Books erstellen und verkaufen. URL: http://tinyurl.com/3n47nzf, Version vom 1. Juli 2011

Tischer, Wolfgang (2011): „Erfahrungsbericht: Das eigene Kindle-E-Book bei Amazon verkaufen". URL: http://www.literaturcafe.de/praxistest-das-eigene-kindle-e-book-bei-amazon-verkaufen/, Version vom 1. Juli 2011

Weitere Bücher vom Autor

**Gerald Mackenthun (Hg.) Alfred Adler –
wie wir ihn kannten (2015)**
304 S., Göttingen, Vandenhoeck & Ruprecht, , Paperback,
€ **34,99**, ISBN 978-3-525-46058-0.

Dieses Buch vereint zum ersten Mal alle international verfügbaren Zeugnisse von Zeitgenossen über Alfred Adler (1870–1937). So erhellt sich die bisher eher im Verborgenen gebliebene Person Adlers, der selbst wenig Autobiografisches hinterlassen hat.

**Josef Rattner / Gerald Mackenthun:
Kulturanalyse und Psychotherapie.
Sechzig Fragen und Antworten zum Aufbau einer personalen
Menschenkunde (2015)**
198 S., Berlin, Verlag für Tiefenpsychologie, Paperback, € **20,00**,
ISBN 978-3-921836-54-5

Das vorliegende Buch ist aus der längeren Zusammenarbeit der beiden Autoren entstanden. Sie überlegten, ob es nicht sinnvoll wäre, den Älteren über die Erfahrungen seines Lebens und seines Berufs eingehend zu befragen.

Gerald Mackenthun: Grundlagen der Tiefenpsychologie (2013)
350 S., Gießen, Psychosozial-Verlag, gebundene Ausgabe, €
39,90,
ISBN 978-3-8379-2285-1

Dieses Buch bietet einen fundierten Überblick über das höchst lebendige Gebiet der Tiefenpsychologie: ihre Geschichte, die gemeinsamen Grundlagen, die wichtigsten Vertreter und die zentralen Begriffe.